U0269324

最重要的事情，

就是努力生活。

拼命努力，是最纯粹的事情，

也是最美、最尊贵的。

一汁一菜就好

［日］土井善晴 著

林叶 译

辽宁人民出版社

版权合同登记号图字 06-2018 年第 385 号

一汁一菜でよいという提案

© 2016 Yoshiharu Doi

© 2016 Graphic-sha Publishing Co.,Ltd.

This book was first designed and published in Japan in 2016 by Graphic-sha Publishing Co.,Ltd.

This simplified Chinese edition was published in 2019 by Liaoning People's Publishing House.

Chinese（in simplified character only）translation rights arranged with

Graphic-sha Publishing Co., Ltd. through CREEK & RIVER Co., Ltd.

Creative staff of Japanese Edition

Book Design: Taku Satoh, Masako Kusakabe（TSDO Inc.）

Title calligraphy & Photography: Yoshiharu Doi

Text Layout: Rikimaru Ito

Editing: Kumi Ohba（Graphic-sha Publishing Co.,Ltd.）

Editing Cooperation: Oishiimono Kenkyujo

Cover Photographer：© Naruyasu Nabeshima

图书在版编目（CIP）数据

一汁一菜就好 /（日）土井善晴著；林叶译—沈阳：辽宁人民出版社，2019.7
ISBN 978-7-205-09441-6

Ⅰ . ①—— Ⅱ . ①土… ②林… Ⅲ . ①菜谱—日本 Ⅳ . TS972.183.13

中国版本图书馆 CIP 数据核字（2018）第 238691 号

出版发行：辽宁人民出版社
　　　　　地址：沈阳市和平区十一纬路 25 号　邮编：110003
　　　　　电话：024-23284321（邮　购）　024-23284324（发行部）
　　　　　传真：024-23284191（发行部）　024-23284304（办公室）
　　　　　http://www.lnpph.com.cn
印　　刷：吉林省吉广国际广告股份有限公司
幅面尺寸：118mm×180mm
印　　张：7.25
字　　数：150 千字
出版时间：2019 年 7 月第 1 版
印刷时间：2019 年 7 月第 1 次印刷
责任编辑：盖新亮
装帧设计：丁末末
责任校对：吴艳杰
书　　号：ISBN 978-7-205-09441-6
定　　价：58.00 元

目 录

为何提倡一汁一菜？

生活的法则

每日膳食

一汁一菜的实践

煮饭人与吃饭人

美味的原点

和食初始化

从一汁一菜开始的快乐

代结语

为何提倡一汁一菜?

饮食是一切的原点。

食即日常

我希望那些觉得做饭是件辛苦事的人来读读这本书。

听说有很多人觉得考虑每天的菜单是件非常麻烦的事情。工作到很晚的人，回到家以后也就没有了做饭的动力。外面的事情优先处理，应该重视的自己的事情最终就搁在了后头，于是就马虎了事。心里想着结了婚以后好好过日子，但是一旦开始工作了，在吃饭上的准备就成为了负担。"一个人过日子是很麻烦的。""孩子们长大成人可以放手不管了以后，就没有了做饭的动力。"一直会听到各种各样类似上述这样的声音。现如今，没时间做菜烧饭、不会做等这样的借口总是有很多很多。

因此，每天在外面吃饭，不论是经济上还是营养上，全都失衡了。就算吃健康辅助食品来调整身体状况，也未必是件好事，心里总会有点负疚感。人们在人类创造的社会上努力工作，然而却成为一种沉重的压力，无法好好地生活，难以获得心理上的平衡。这样的理由真的是有很多，而就算身边的人说"大家的情况都一样，都是这种状态"，心情也不可能好起来。很多人对自己的生活没有自信，对自己的未来感到不安，一边觉得还可以，一边却心情忐忑难以安心。

每个人都希望自己身心健康。靠一人之力虽然做不了什么大事，但是至少要保护自己，这就是《一汁一菜就好》这本书所要阐述的。

顺利的话，有可能会成为支撑家庭、健康、美好生活、心灵充实、完成工作的"要点"。一直以来，人类是通过饮食将生活、自然、社会以及其他人联系在一起的。饮食是一切的原点。生活与饮食是不可分的。

长大成人独自生活的孩子，只要自己懂得"好好吃饭"，那就足以让父母放心了。只要做到这一点，就已经是对父母尽孝了。另一方面，上了年纪的父母，如果能每天做饭，清扫厨房，一如既往地爱清洁、勤勤恳恳地过日子的话，那么孩子们就会很幸福，并备受鼓舞。

我认为生活中的重要之事，就是回到自己内心的安放之所，回到舒适惬意的场所，活出生活的节奏来。支撑这种生活的，就是饮食。每一天，每一天，都必须回到自己掌控的那个地方。

此外，所谓一汁一菜，就是以米饭为中心的汤与菜肴，是以"米饭、味噌汤、酱菜"为原点的饮食原型。

米饭是日本人的主食。汤，就是日本传统的发酵食品味噌溶解而成的味噌汤，可以加入蔬菜、豆腐等。此外还有酱菜。用盐保存蔬菜，发酵之后会变得非常美味，这就是酱菜，这是常制常备的菜肴。

我觉得所谓的一汁一菜，并不仅仅是"和食菜谱的推荐"，而是一汁一菜这种"系统""思想""美学"，是身为日本人的"生活方式"。

所谓一汁一菜，就是以"米饭、味噌汤、酱菜"为原点的饮食原型。

只要有米饭和味噌汤就已经足够。

需要盐分的话，可以在米饭上加味噌，以代替酱菜。

吃不腻的东西

从此以后，再忙都做好饭菜吧。煮好米饭，只要做一道食材丰富的味噌汤就好，这样的味噌汤本身也是一道菜肴。这就是自己做的菜肴。在这一点上，没有什么男人女人的区别。意义就在于做饭这个事情本身。

即便一日三餐顿顿都这么吃，也可以精力充沛、健康硬朗地活着，传统和食的原型就是一汁一菜。无需多想，就这么决定吧，每天，每顿饭，都是一汁一菜吧。这是先于菜谱的事情。无需花费太多时间准备，也有只需稍微花点时间就能做好的汤。刷牙、泡澡、洗衣、收拾房间，和这些事情一样，吃饭也是每日必做的日常功课之一。

也许大家都会心存疑虑，觉得"这样就可以了吗？"不过的确这样就可以了。一直以来，我们每天都是这么吃的。

米饭和味噌汤的厉害之处就在于每天吃都不会腻。

每天吃都不会腻的食物，究竟是什么样的东西呢？再怎么好吃的菜肴，都不会想着要反复吃、天天吃。不过，米饭配味噌汤和酱菜，就算天天吃也都不会厌倦。那么吃得厌的东西和吃不厌的东西，它们的区别究竟在什么地方呢？

基本上，人们在调味上往往会追求让人一吃就会觉得很美味。类似这种加了佐料的菜肴，马上会让人想要吃其他不同味道的东西。

另一方面，吃不厌的米饭、味噌汤和酱菜，全都不是按照人类意图进行调味的东西。米饭只需淘洗大米，调节水量，煮好即可。在日本，自古以来一直制作的味噌，是一种由微生物制作出来的东西，故而，和那种用人类技术合成出来的美味，是完全不同的，非人类技术之功。

放了味噌和酱菜的瓮里面，能产生一个让微生物共同生存的生态体系，形成一个小小的大自然。味噌与酱菜这种自然之物，能够顺理成章地与人类心中的自然，或者生活于自然之中的人联系在一起。

我们会欣赏自然风景感受美，这是怎么看都看不厌的事物。应该也会为四季的富有生气的变化而感动吧。

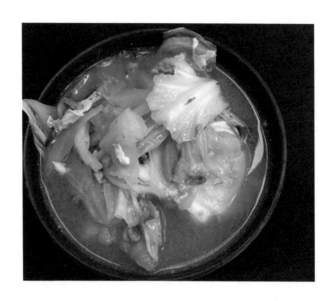

自然就是与自然好好地融合，舒适畅快地去感受自然。生命总是被这样的舒适畅快来滋养的。

饮食文化是由特定的风土养育而成的民族智慧，它的情况正是如此。这并非在一百年、两百年这种短时间里形成的事物，而是历经千年，不，应该是千年以上，在与人类历史同样漫长的时间里，一点一点地经历，一点一点地积累而成的。

常听人说，第一个吃海参或章鱼等这类外观不好看的东西的人非常了不起，不过不能因为这样就认为人类是通过试吃各种各样的东西、不断经受失败来创造饮食文化的。正如其他生物那样，人类似乎也是在吃之前就知道哪些东西可以成为身体能够吸收的营养成分的。至少曾经有过现代的我们所无法想象的能力，这一点是肯定的。包括去涩等复杂程序在内的烹调手法，没人教也都会做。这是人类为了生存而掌握的察知能力吧。于是，在缓慢且漫长的时间长河里，人类能吃的食物就越来越多了。微生物赖以适应环境的合理性，最终创造出美丽的纹样，人类也是一样，微小的秩序不断叠加从而形成了优秀的民族饮食文化。

作为人类的能力之一而发展至今的那些事物，在各种各样的风土中成为了民族的智慧。因此，接触食材并加以烹调之后，人就会在不知不觉中与其背景中的自然直接联系在了一起。请谨记这一点。

日本人与古时候一样，依然保持着对自然的那份感性。日本的气候及地壳变动与其他大陆相比也是非同寻常的。加上四季迁移，对应每一天细小的气候变化，日本人始终在与复杂的自然进行交流。请试着想象一下吧，截然不同于那种一年四季全都生活在没有变化的温暖 /

寒冷的气候风土中的民族，在所有的衣食住之中，始终被迫与不断变化的气候相对应，磨炼着自己的生存能力。

无法靠人为的智慧与力量实现的，就是日本的饮食文化。所谓土产土法，就是用本地流传下来的方法烹调本地出产的食材。亦即，相信由本地风土养育而成的食文化。而在饮食这件事情上，首先要做的就是不靠他人，自己动手。

身为料理研究家，我深深地为日本传统饮食智慧感到震惊，越了解就越对日本人的那种丰富感性感到惊讶，这让我在现代社会中感知家庭菜肴的变化、思考未来之事的过程中，意识到了"一汁一菜就好"这个道理。最终，我认为"一汁一菜就好"这样的方案，才是日本家庭菜发展的最佳途径。

生活的法则

幸福就在于把握脚踏实地的朴素生活
与奢侈之间的平衡。

相信自己的身体

感觉并接受米饭与味噌汤的美味的，是我们的身体。当我们在吃米饭和味噌汤的时候，就能感受到超越美味的某种舒适之感。这大概就是安心感吧，大概是因为能够让人身心平复的缘故吧。感觉方式是多种多样的，不过这是一种稍微能够让人感到幸福的方法。

肥肉及金钱鱼肥度适当的部位，一口咬下去，立刻就会条件反射似的大叫好吃，这是因为与舌尖直接关联的"脑"感到愉悦兴奋的缘故吧。这种大脑愉悦兴奋而产生的美味之感，与整个身体感受到的美味之感是有所不同的。

并不是说身体的感觉是比较迟钝的，而是身体不会马上有所感觉，要在吃完了之后才感受到的那种舒适惬意之感，会让人觉得身体一下子变得清爽……这是因为每一个细胞都感到开心愉悦，并通过身体上的舒适之感将此传达给我们。另一方面，人脑却往往不会注意到这种恬静平和的温柔。总而言之，人脑这种东西总是朝着身体的反方向前进。这个时候，就会有一种"被脑袋骗了"的感觉，不能太过于相信大脑。

类似米饭、味噌汤、萝卜干以及羊栖菜这种，有助于身体健康的食物往往没有什么冲击力，因而也就不会在电视的饮食频道上出现吧。万一吃了萝卜干或者羊栖菜之后大声惊叫"好吃好吃！"的话，观众就会怀疑这可能是装出来的。因为没有一种萝卜干会让人如此震惊。听说年轻人中有一种说法叫"正常的美味"，我觉得这个说法是很准确的。所谓正常的美味，就是与生活的安心相联系的恬静之味。萝卜干的美味，就是"正常的美味"。

对于烹调菜肴的人而言，听到有人说"好吃"应该会非常高兴吧。不过，这里的"好吃"，情况也是非常复杂的。家庭中应该具备的美味之物，就是那种恬静温和、朴实的味道。经常有人说，对于妈妈做的菜肴，"家里人不发表任何意见"，这就已经是在说"正常的美味"的意思。在我看来，这就是一种没有任何不适、非常安心的状态。

这样想的话，就明白我们吃东西不纯粹只是为了好

吃。就明白，虽然媒体上积极地说"美味""好吃"，但是那些反反复复听到的"美味之物"，有很多其实不吃也罢。媒体报道的那些刺激性的新东西中，也有一些不知所谓的东西。那样的时髦货很快就被淘汰，又连续不断地出现新的花样。信息式的美味与正常的美味，应该是有所区别的。要当作完全不同的东西来理解，来选择食物。

古人有云，"饿兵不打仗"，身体缺乏能量就动弹不得。人是为了维持生命而烹制菜肴的，是为了身体健康而吃东西的。有人强忍着喝苦涩的青汁，估计那也是因为健康比美味更重要才喝的吧。人类的"吃"，追求的并不仅仅是表层的美味。无意识的身体对此早已了解，以恬静平和的舒适之感慢慢地向大脑传递信息。

类似一汁一菜这种身体所需要的菜肴，也会因制作者的状态而变得不好吃。好吃也好不好吃也罢，看那个时候的状态就好。请这么去想这个问题，无需太过在意不必要的味道，也不必为不必要的味道高兴或悲伤。并不是说这无关紧要，而是因为二者皆有可能，只要凭自

平时吃的就是那些"正常的美味"的东西。
这是让人安心的东西。

己的身体去感受这样的变化即可。

像铃木一郎选手等人，这些活跃于世界舞台上的运动选手，是不会因为自己是否打出安打而或喜或忧的。平时，他们都希望能够始终保持一个冷静的状态。故而，能够在下一次的击球位置上反复打出安打。他所考虑的是提高平时的水准，重视的是综合素质的提高。通过这样的方式，有意识地在提高安打的概率与偶然性上锤炼自己的直觉能力。

常言道，"谨慎地生活就是最重要的准备"。专注工作的时候，请尝试一下一汁一菜，一定会有所收获。

用心做简单之事

因为只是一汁一菜，那么烹制菜肴的压力也就没有了。仅此一点，就能减轻很多精神上的负担，不仅如此，也有了闲暇时光，能够自由自在怡然自得。也因此心生快乐，并保持从容镇静的心情。

这并非是为了让家务事变得轻松而产生的想法。一汁一菜绝非偷工减料。一旦有了偷工减料的念头，那就会做出让自己最讨厌的食物来。相比之下，能够接受的自身感受是最重要的事情，为了这一点，我也希望大家好好理解一汁一菜这个方案。

"做菜还是需要'花点工夫'的呀"，这是我经常听到的一句话，不过这是对劳动的褒奖，与美味并没有必然的联系。说这样的话的，一般情况下，都是与"费心制作就是爱意满满，费尽心思"这样的想法有关。不过，平时的菜肴，则不需要花费什么工夫。所谓家常菜，就是不费工夫的菜肴。这是与美味有关的（日本菜是具有两面性的——"麻烦的菜肴，轻松的菜肴"，这一点在下节再作说明）。

在充分发挥素材效用这一点上，最好是简单地进行调理。不过，有很多人会认为，这样的时候是不能像前文所说的那样轻松简单，工序烦琐的菜才称得上是烹调。看了社交媒体上的一些帖子，发现有一些将一汁两菜端端正正地摆放在食案上进行拍摄的照片，旁边喃喃自语般地加上一句话，"今天偷懒了"。大概是日本菜比较简单吧，一般情况下，稍微多花点心思，就会觉得有点自豪吧。即便没有这样的心思，轻视不费工夫的比较单纯的菜肴的风潮，把制作菜肴之人自己的门槛提高了，制作菜肴成为了一件让人痛苦的事情。

正面承受这种压力的那些大忙人，往往认为利用一些加工食品或者和其他食材调和在一起、往做好的菜品上添加一些配料让菜肴变得复杂，总能做得好吃，这还是助长了"费时费力制作才是烹调"这样的误解。不过，在我看来，那样的才是偷工减料的菜肴。

认为将不同的食材组合在一起做出另一种味道，或者加入各种各样的香辛料、调味料就能做出美味可口的菜肴，这样的想法，从来就不是日本式的想法。这是西方的思考方式。现如今在日本，林林总总的类似哲学思想的碎片一般的言辞非常轻松地混杂进人们的生活之中。

曾经担任日本足球队总教练一职的阿尔贝托·扎切罗尼，卸任之后与长年陪在他身边的翻译一起上广播电台做节目。他称他在日本记住了芥末酱的味道，非常喜欢。不过，他觉得还是那种辣味强烈的软管装的芥末酱比较好。他们聊得非常开心，气氛非常热烈，那位男播音员好像在迎合他的说法似的，说了一句"费事的芥末酱是不行的，还是软管装的那种好呀"。我并不想责怪他们将"费事的东西"进行否定是对传统饮食文化的破坏……但是这样一句无关紧要的日常话语却会让很多人受到影响。

坚定地把持基本标准与观念，就能够做出正确的判断。日本菜的背景是"自然"，而西餐的背景则是"人类的哲学"。这两种情况培养出完全不同的人。就像说日语一样，日本人是以日本的烹调方式为基本做法。这其中有其合理性。身处现代的我们，认识到不同背景中的事物，并在此基础上，同时享受日本饮食文化和外国饮食文化的乐趣，如此就好。

这并不是拒绝变化，而是因为食文化并不是拍脑袋想出来的。现在，就像日本菜被称为是濒临灭绝的品种一样，日本的家常菜也要面临被抛弃的可能。饮食文化营造了日本人的心灵，因此，这就是一种身份认同，并滋生出自信与信赖。文化是必须重视的，故而应该慎重小心地对待变化。寿司和怀石料理作为日本菜而留存下来，可是缺了家常菜的饮食文化，就成了一种轻薄之物。家常菜就是人类的力量。

话说回来，谈谈轻松做菜的事情。

烹调最基本的那些准备工作，这不叫费工夫。我们不可能不把萝卜上的泥土洗掉就这样生啃，所以，要将泥土洗净，切成合适的大小之后煮熟。这样的基本流程，并不是费工夫，而是理所当然的烹调工作。

事实上，家常菜、平时吃的菜肴，从一开始就不需要在这样的基本烹调工作之外再花费什么精力。多费工夫制作的话，那么麻烦的工序也就会相应地增加，只要涉及食材，那就必定要增加这一部分的损伤并降低新鲜度。故而，为了要让菜肴显得好看而给烹调增加麻烦的话，那食材就不好吃了。这就是画蛇添足。每天的饭菜无需在食材上花费太多工夫，保持食材的原汁原味即可。

奢侈与朴素的平衡

在日本，有"晴（Hare）"与"褒（Ke）"这样的说法。晴是指特殊状态，即节日祭祀。而褒则指的是日常状态。日常的家常菜，可谓褒的菜肴。这样的日常状态下的菜肴，是不用花费太多的工夫的，相对于此，晴则有晴的菜肴。最初，这两者的区别就是"给人准备的菜肴"和"给神准备的菜肴"。这是在思考方式与制作方式上正好相反的两种东西。

被称为晴的节日祭祀，是向神灵祈愿、向神灵致谢的日子。人类从神灵处获得了大自然的恩惠，为了向神灵致礼而制作了给神灵吃的菜肴。

褒的菜肴主要是发挥食材的原汁原味，相比之下，给神准备的那些菜肴，就需要充分运用人类的智慧，不惜花费各种各样的时间，不计辛劳地将菜肴制作得色彩丰富、美丽动人。人们是在将这些为神灵准备的菜肴供

特殊日子里的节日菜（上）与日常生活中的家常菜（下）是完全不同的东西。
日本人拥有这两种价值观的同时，也对之加以区分，根据情况分别加以运用。

奉给神灵之后再吃的。家里人也一起品尝，这一天就成为了一个开心愉快的日子。并且将和神灵一起吃饭这种情况，称为"神人共食"。

不辞辛劳、费心制作、诚心诚意，这是非常尊贵的事情。烹制晴的菜肴，是不能偷工减料、省时省力的。因此，"省时省力的年节菜"等是绝对不存在的。这是只有在正月期间才吃的，所以日本人的心并不在这里。

节日那天做的晴寿司，是多种食材混合叠加而成的，并且非常奢侈地用出汁或调味料来调味。将这样的菜肴装盛在供特殊日子使用的华丽器皿中，宴请客人，大家一起开怀畅饮。前面说过日本菜如果在食材上花费太多工夫的话就会变得难吃，不过，费时费力制作的节日菜肴也会变得难吃，这是绝对不可能的事情。相反，那都是异常美味的食物。因为，在漫长的历史进程中诞生出来的节日菜肴，费时费力并且将各种各样的食材混合在一起，尽管如此，人们也已经做足了功夫，可以保证菜肴的美味可口。这一点也与卫生管理这样的现代智慧相吻合。用醋、用糖，沥干出汁，一个一个分开来煮，快速冷却，等等，日本菜独有的智慧就在于此。因为日本民族是一个习惯于将一道道工序分开来制作的民族，这样即便是在远离海洋的深山老林之中，也可以安心地吃生鱼片。

就这样，在日本至少有两种价值观存在，一种是细致精美的事物，一种是轻松简单的事物。让这两种表面看起来是完全相反的价值观并存，划清界限加以区分，在不同的场合里分别加以运用，其中有着各自的合理性。不过，如今的日本，这两种价值观已经乱七八糟混乱异常。书法家石川九杨是一位了不起的有识之士，他在《双重语言的国家·日本》等多部著作中都记述了这样的事情，在我看来，日本的饮食文化也面临同样的问题。很多人将晴的价值观带到了亵的饭桌上，认为所谓烹调就必须是电视里的饮食节目中介绍的那些东西才行，从而为每天的饭菜发愁。

平民百姓之所以喜欢细致精美的宴席，是因为对价高之物的憧憬。在爱面子的日本，每个人都希望至少能够获得与他人同等的事物。有的时候，有些与身份能力不相符合的憧憬在不合时宜的场合中出现，于是晴与亵便混为一谈了。现在，我们的生活，简直就像是贵族与庶民一起生活一般，有着某种失衡感。人们一方面憧憬精致生活，相信价高即优；另一方面却对理所当然的该做之事感到厌恶。这里面总是会出现一些矛盾和无理的事情。

一直以来，大阪人总是被冠以小气之名，可事实上，大阪的船厂和堺那一带的有钱有势之人，都是些铺张浪费的花花公子。有"小曲、茶道、吃到穷"之称的大阪饮食文化，这些全都已经成为了用来做生意的信息交换手段，因此收集高价的古董极尽奢侈之能事，一边通过这些古董本身的趣味与社交性来寻欢作乐，一边抬高自己。这些花花公子，每天穷奢极欲，形象恶劣。因此，归根到底还是小气。有的时候哪怕被人说无情无义，他们也热衷于自毁形象、逗人发笑。换言之，这中间存在着奢侈与朴素的平衡。经历过在燎原般的战争中失去一切的那些有钱有势之人，他们对晴与亵的那种高超的处理方式，真的是非常了不起。接触到好东西，提升自己的眼界，并支撑日本的文化。

　　我认为，幸福就在于把握脚踏实地的朴素生活与奢侈之间的平衡。

朴素生活是重要的准备工作

人类的"生活"是为了生命的活动，因此，这里面也包含了外部工作。家里面的家务事，就是"生活"。以前，外部工作和家里的内部工作基本上不怎么加以区分，以同样的态度对待，并互相联系在一起。然而现在，外部工作越发受到重视，而家中的内部生活却越发被疏忽。不过，幸福是存在于家庭之中的，是存在于生活之中的。

平平淡淡地生活。所谓生活，就是每一天重复着同样的事情。正因为是每一天要重复同样的事情，所以要注意的地方有很多。这些认知也同样会成为喜悦。

每天清扫家中的庭院，应该会知道很多只有清扫之人才知道的事情吧。单单一块石头，也有可能会变成朋友。因为会认识到原本就存在于其中的东西，或者某些从其他地方混杂进来的东西。

也会看到不知名的植物发芽。一到春天，庭院里的树木也都绽放出嫩芽。从细节上感受绿意日鲜、季节变迁。杂草也开始生长，在这其中可能也会找到称心中意之物。

蹲下来，细心地清扫庭院里那些树木的根部，清扫得一叶不剩，洒完水之后，庭院中的树木非常醒目地浮现在黑色的泥土之上，美得简直让人惊讶。就会发现自己的内心也变得清清爽爽的。那些植物看起来也都很开心似的。有的时候也会种一些植物，不过，反过来我总觉得是这些植物在看着我似的。而这让人不会错过大事将起之前出现的小细节。古人云，"千里之堤溃于蚁穴"，估计这将成为保护自己的能力吧。

清扫结束之后，马上又会有叶子落下来，简直就像讽刺漫画一般，不过，这并不是重新回到清扫前的庭院，而是清扫干净之后的新庭院，是新的叶子落下来。这个时候，新的庭院又出现了。

第一次看到的庭院，是美丽的。始终在变动的这种状态是美丽的。宛若流水不腐，户枢不蠹一般，舒畅愉快。之所以会有这样的感受，是因为这就是永不停滞的时间的自然状态。伊势神宫每隔二十年便重建一次，道理也是一样，新旧更替这种状况是永远联系在一起的。

倘若着眼于新旧更替的效果的话，那么外部工作也是如此，始终保持全新状态是很重要的。即便在工作上稍微有点上手，也最好要优先选择改变。我觉得稍微有点上手这种情况，是会被那种新鲜劲所掩盖的。哪怕一时有所后退，也要重整旗鼓，超越以前的实力就在于重复中得到积累。

每一天、每一顿饭的一汁一菜，哪怕想做的是同样的菜肴，也会自然而然地随着四季的变化而变化。

日本的气候，总的来说是温暖多雨的，长满了山毛榉的山林，土壤像海绵一般地积蓄着丰富的水分，富含营养成分的水积存在农田里，潺潺而流，养成了肥沃的大地，一年四季时时为人类送来各种大自然的恩惠。日本这个南北狭长的岛国，包含了从亚寒带到亚热带的所有气候带，而且，因为不断发生的地壳变动而形成了高低差很大的复杂地形，不同的土地孕育了不同的食材与饮食文化。

现在，整个日本不管到什么地方，不论是什么季节，都有相同县产且种类齐全的蔬菜在流通，不过，请使用本地出产的食材。收获量比较小的本地蔬菜，因效率低下、难以备齐所有种类等理由无法进入流通，不会在大市场上出现。这些食材不会被运到很远的地方去，而是用轻型卡车运到当地的早市或小卖店里，在这样的小市场上出售。这样的食材有着良好的新鲜度，农药用的也比较少，健康价值非常高，所以味道也非常好。哪怕只是对本地出产、本地消费这样的事情有所留心，生活就会发生变化。其中也伴随着各种乐趣。

每日膳食

厨房所营造的安心，
就是心底那稳若磐石的平静。

做菜的意义

"希望每天都好好地吃饭"的人是有很多的。我也是其中之一。这大概是因为我们通过内心的某个地方来感受、用无意识的身体来理解"吃"这件事情的重要性吧。

平日里，我们总是非常简单地将吃东西这个事情称为"吃饭"，本来"吃"这个行为就存在于"吃饭"这样的事情之中。所以，单纯的"吃"这个行为，并不是"吃饭"。要吃的话，就需要家里的某个人去采购准备材料，洗好蔬菜做好准备，然后炊饭、煮菜、炖汤、烤鱼、装盘，最后将这盘菜摆放在桌上。

就像这样，要吃一个东西，就必须伴随着一定的行动。那么为了吃而做的所有行为被称为"吃饭"。为了活着，就必须运动身体、站立起身、动手做事、运用自己的肉体去吃东西。因而，"成为生活之原点的吃饭行为之中，包含了培养学习各种各样知识技能的能力"。这是人

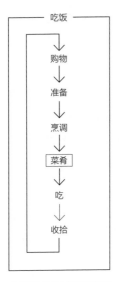

```
吃饭
  ↓
购物
  ↓
准备
  ↓
烹调
  ↓
菜肴
  ↓
吃
  ↓
收拾
```

"吃饭"这件每天都要做的事情,具有培养人类根本的生存能力的作用。

类根本的生存能力。对此了然于心的身体,直觉式地进行感知,将"希望每天都好好地吃饭"这个信息传达给自己。

吃完之后,就要做后续的收拾和清扫工作。放心地喘口气,把其他的事情做好以后,休息一会儿,又要开始准备下一顿的饭。又要开始做菜、吃饭。然后收拾打理。第二天早晨起床,又要做早饭、吃早饭。这些每天反反复复在做的事情,就是"人类的生活"。这些事情的意义就在于相信不久之后会做成各种美好的形状,成为分别呈现于家人面前的东西。

所谓人生,就是为了吃饭而与人相关联,工作、烹调、让人品尝、传达(教育)、养育家人、维系生命。

烹调就是生而为人所不可或缺的事情，不过，现如今，我们身处的现代日本，并不一定要烹调也可以让日子变得很好。因为我们可以非常轻松地购买到现成的菜肴，可以省去"做饭"这个事情。

如此一来，人们抛弃了为了吃而必须要完成的行为（能力）。"行为（能力）"与"吃"之间的联动性一旦失去，也就丧失了为了生存而学习的能力。烹制、吃饭的行为是对内心的养育，从这方面来看的话，是会导致心灵的发展与平衡严重崩溃。

与此同时，现代社会中，还存在着很多问题，比如想要自己做饭却抽不出时间的问题，比如即便工作也无法养活自己的贫困问题。我怀疑，这是因为整个社会系统已经出了问题的缘故吧。企业家把这个解释为"资本主义竞争原则下的必然结果"，不过，出版了很多日本人的心理能力与文化相关著作的数学家冈洁则深表担忧，他将这样的社会状态称为"生存竞争"。所谓生存竞争，就是为了生存而互相残杀。然而，人的努力是必须以人类的幸福为目标的。

我们这一代人拥有足够对所有人进行分配的丰富资源，在我们这代人之前，从某种意义上讲，"生存竞争"

可能也是正确的吧。不过，要考虑的是，从今往后究竟会如何。即便对那些只占人口一小部分的有钱人而言是好事，但对于那些不在其中的大部分人而言，究竟会如何呢？对我们的下一代而言，又是如何呢？

我并不认为通过日常生活中那些很小很小的行为能够解决类似这样的很大很大的问题。也并不是说，因为做菜这个事情是对的，所以不论在什么时候都必须做菜。只不过想好好思考一下饮食的根本性意义。因为这是创造每一个人、创造所有人的生命的东西。那么，至少我们要相信这是对每个人的幸福都有帮助的行为。

至少，对人类而言，在人生的重要时期参与亲手制作美味佳肴是非常重要的事情。从建立新的家庭开始，到孩子长大成人为止，这个期间的吃饭问题尤其重要。而且，如若想要好好地爱护自己的话，那就是用心生活的事情了。一个人过日子也要想着好好吃饭。以此来约束自己的生活，从而养成良好的生活习惯，形成一个好的生活秩序。

请努力加油吧！因为没有烹制饭菜的人生，大概就是冈洁所说的"所谓生存竞争，就是只剩下'无明'"。而无明，就是佛教中所说的人类最丑恶、最可怕的一面。

厨房营造的安心

现京都大学校长、人类学家山极寿一是一位大猩猩的研究者。2012年，因为要询问一些关于大猩猩的问题，我拜访了京都大学的研究室。

按照山极先生的说法，大猩猩是类人猿即将要进化成人类之前的祖先，通过观察大猩猩的行动，就会明白"人类是什么"这个问题。大猩猩做的事情，人类也会做同样的事情。也存在人类做的事情，大猩猩不做的情况。他通过研究大猩猩，来研究人类，从中推导出大猩猩与人类之间的区别，并写了《从灵长类学看人类的进化》《从生活史看人类》[1]等著作。

在这里，人类从出生到长大成人为止，共分为"哺

---

1 引自《探索人类心灵与社会的由来》，（国际高等研究所）山极寿一著。

乳期""儿童期""少年期""青年期""成年期""老年期"。所谓"哺乳期",就是喝母乳的时期。"儿童期"就是吃的和大人不同的时期。"少年期"就是吃的和大人一样但是尚未开始繁殖的时期。"青年期"就是具有了繁殖能力但尚未开始繁殖的时期。"成年期"就是正在繁殖的时期。"老年期"就是退出繁殖行为之后的时期。在这个过程中,人类生命存在着大猩猩生命中所没有的时期,这就是"儿童期"和"青年期"。大猩猩的话,很早就已经进入自立的时期,而人类(日本)则是正处在一个无法自立、需要靠父母抚养的时期。

那么,应该如何理解这样的不同呢?我认为,与其说人类的成长要晚于大猩猩,毋宁说在这样一个发达且复杂化的人类社会中,在独立之前,需要充分的时间来锻炼身体并学习各种知识。男性如果没有掌握父亲获取猎物的本领的话,就无法生存,女性则必须学会母亲所做的一切事情。于是,在此期间,儿童需要吃很好的食物,随着身体健康成长同时掌握大量的知识。

人类的孩子,从呱呱落地到成为一名杰出的青年为止,所有的饮食全都要依靠他们的父母,不过,这是因为儿童需要学习的其他知识还有很多的缘故。然而,哪怕仅仅只是吃东西，孩子通过饮食在无意识的过程中也会掌握很多经验。

我的工作室和住所是在一起的，我的家里面，需要进行拍照等工作，有很多工作中做好了的菜肴。不过，工作中做好的菜肴，拍摄好了以后，要么由工作人员吃掉，要么就让客人全都带回去。有些宴会菜装在一个盘子里，留着等孩子回家以后吃，这一切都不是我妻子做的。我觉得因为自己很忙，虽然不是特意去做的，但是有东西给他们吃就好。不过，妻子则是等孩子回家，听到孩子叫"我回家啦"了之后才开始做饭的。

在工作中做好的宴会菜与妻子做的家常菜，作为食物，究竟是一样的还是不一样的呢？当然是完全不一样的呀。问题不在于这是宴会菜还是简单的菜肴，也无关调味之类的事情。妻子在厨房为女儿做菜的声音，女儿在换校服的过程中是能听得到的吧，是能闻到味道的吧，是能感觉到妈妈在厨房里做菜的那种气息吧。这是多么安心的事情呀。这是在全身心地感受饱受关爱的感觉。因此，对孩子而言，父母做的菜肴是非常特别的。我太晚意识到妻子所做的这些事情的意义了，对妻子一直心怀感激。

通过每天的饮食经验，人们掌握了很多经验知识。需要抓紧时间制作的菜肴，只要做那些平时的常规菜就行，做平时常做的那些菜肴就好。

厨房所营造的安心，就是心底那稳若磐石的平静。有人给自己做饭做菜，这种孩子的体验，安定地存在于他的身体之中并成为"安心"。哪怕身处紧要关头，这样的安心感，也会遏制住那种一心想要逃避的恐惧心理。安心会使人变得沉着镇定，让人毫不动摇地、冷静地进行应对。安心也是人生的促动因素，成为迈向未知之旅的勇气。根据我自己的经验，我觉得安心会成为某种回忆，它会让人清醒，让人治愈自己。

好好吃饭就是好好生活

我们的体质由吃来决定，医生秋月辰一郎先生如是说[2]。人要想健康地生活，"环境"是非常重要的。不过，这里所说的环境，尽管要考虑太阳、空气、水等各种各样的因素，但代表这些因素的就是食物。食物会让人的身体状况变坏，而饮食习惯则会让人容易生病；相反，食物也会让我们健康长寿，也会让我们拥有一个百病不侵的体质。

我们可以通过吃的东西来改善体质。据说，人的细胞总是在不断地生长更新，只要几个月的时间，基本上就是一个新的肉体。因为这个缘故，我们必须持续稳定地保持良好的饮食。

2　选自《体质与食物 健康之路》，（库里耶）秋月辰一郎（1916—2005 / 元长崎圣弗朗西斯科医院院长）著。

那么再简单谈一谈烹调的事情吧。

虽然有像味噌这样用传统技术来维持生命的东西存在，但是现在的加工食品并不是全都能为我们带来健康的身体，这估计是众所周知的事情了吧。不仅是加工食品，就算是科学式地加以掌握，也不存在完全安全安心的食品。

不过，可以通过自己的烹调制作来净化这些食品。用的虽然是便利的加工食品，但只要是自己烹制，在一定程度上还是能够保护自己和家人的，能够对饮食负责。

本来，所谓饮食文化，就是因在当地风土之中安心食用食物的合理性方法而成立的。最近，人们在使用的过程中，经常用"功能性"来偷换"合理性"这个词语，然而，以缩短时间、简单方便为目的的"功能"与合乎道理的"合理"，二者之间的意义是完全不同的。在很多情况下，功能性是以牺牲食材本来的味道与健康价值来实现的。

只要是自己动手烹制菜肴，那么不论用什么样的食材、什么样的调味料，都是由自己决定的。一旦开始思考使用什么样的食材，我们就已经跳出厨房，与思考社会与大自然这样的行为联系在一起了。只要了解该在什么地方向什么人购买那个食材，是从哪一个产地出产的，从哪一片海里捕获的，就会明白我们通过食材正在和很多的人与自然发生关系。亲眼所见、亲手接触、亲自烹制，人们通过这样的行为，能够与那些最根本的东西直接产生联系。

头脑想不明白的事情，也可以通过用手触摸这样的行为来感受。虽然头脑会对身体感受形成干扰，但是在头脑中，即便是那些我们认为没有意义的事物也会一个个变成宝贵的经验。

正所谓功不唐捐。直接触摸其他有生命的物种，通过这样的行为，人们不就能够拥有数学家冈洁所说的"情绪"了吗？因为这是让想象力、感受性、自觉变得丰富的行为，是掌握内心机能的行为，而这样的内心机能却难以科学地加以说明。不，也许应该说，这是身体机能的自觉。

孩子吃父母做的饭菜的经验，一家人一起吃家人做的饭菜的经验，一个人自己做饭自己吃的经验，做饭与吃饭之间的关系，就是将做饭之人所拥有的所有经验以及无限地联系在一起的大自然的秩序传达给吃饭之人，并与之联结在一起，对此我深信不疑。

只要我们还活着，我们就无法摆脱"吃"这种行为。无法摆脱且时刻相关的"吃"，直接与如何生活这种态度相联系，成为人生的基础与背景，并让人的形象变得鲜明。

之所以说"吃就是生活"，是因为"好好吃饭就是好好生活"这个事情是绝对没错的。法国政治家、《美味礼赞》的作者布里亚－萨瓦兰（Jean Anthelme Brillat-Savarin）说过这样一句名言："请说说你平时都吃些什么东西，让我猜猜你是一个什么样的人。"这句话说的也是"食如其人"的意思。

现在，我们的周围充斥着各种食物，不选择就不会对吃这件事情感到苦恼。觉得麻烦的时候不吃也可以，无需留意食品的好坏也能活着。什么都不去考虑的话就没有任何问题存在，也不给别人造成麻烦。因此，只吃自己喜欢的东西，或许对大自然的规则稍微有所触犯，但是在人类的规则里却没有任何不好可言。

不过，我觉得吃可能是一件非常重要的事情吧。这恐怕是每个人通过身体都已经明白了的事情。可是，生活中的日常杂务有着强大的冲击力，每天被这些杂务所扰导致人们很快就忘记地球环境以及孩子们的未来等重要问题，对这些问题置之不理，同样的，人们总是小事精明大事糊涂。

像地球环境这种全球性的重大问题，不论再怎么担心忧虑，也不是一人之力所能够解决的。一个人的话什么都做不了，也就死心断念，以眼前的快乐来消除烦恼，糊弄自己。人就是这样一种生物吧。但是，对于重大问题，我们能做的事情究竟是什么呢？那就是"好好吃饭"。对于"我们能为世界和平贡献什么"这个问题，据说圣人特蕾莎修女是这样回答的："首先是回归家庭，爱护家人。"请珍惜自己的生命吧。

若问要做些什么，大部分的事情都是需要赞同者和协助者的。不过，一汁一菜，它的好处就在于，不需要召集伙伴大家齐心协力地去做事，而只要一个人就能够实现。

事实上，在吃饭这件事情上，是有很多有趣的事情的。不要怀疑两百万年来一直作为大自然中的一员存活至今的人类的行为。请相信我们过去的经验和无限的智慧吧。

一汁一菜的实践

如果有基本的饮食风格，
生活中就能够形成秩序。

一汁一菜的膳食形式

所谓"一汁一菜"，就是以米饭为中心分别配以一种汤（味噌汤）和一种菜（菜肴）的膳食形式。只不过，在以前的庶民生活中，很多时候是不配菜肴的，一汁一菜的形式，实际上就只是靠"味噌汤"加"米饭"和"酱菜"（汁饭香）来承担。

现如今，听说有很多人每天都在烦恼，"今天做什么菜好呢"，可是倘若以一汁一菜作为基本的膳食形式的话，就没有什么难度了。一汁一菜对于身处现代生活中的我们而言，是可以贯彻、最为适用的饮食方式。不用特别花心思准备配菜，只要米饭和味噌汤相搭配，在味噌汤里放入足够多的食材，便完全具备了配菜的功能。鱼、豆腐、蔬菜、海藻等食材，可以按照各个时候的需要放入汤内，再加入味噌这一发酵食品进行调味。放入少量的肉也挺好的。构成身体筋骨的蛋白质、脂肪，调

让日本人得以保持健康长寿的饮食方式，便是这"汁饭香"。

整身体机能的维生素、矿物质（钙等），将富含这些养分的食材作为配料放入汤内。

"米饭"是身体和大脑运动的能量源（碳水化合物）。以前多为杂粮混合米饭（加入地瓜、萝卜一起煮的饭）、糙米饭或白米饭。

"香"就是酱菜。米糠酱菜或者腌白菜等与味噌一样属于发酵食品，是为了配饭吃的咸味食材，并不是必需

的。如果没有腌菜，也可以用梅干或者甜煮海味代替。什么都没有的话，味噌就是米饭最好的配菜，在米饭上配点味噌吃就好。

也就是说，我认为基本上只要有米饭和味噌汤就好。这两种都没有太多人工制作的成分，是天然造就的食材。这样也能够很好地维持营养均衡。

日本人的主食——米饭

水稻种植传到日本，已有三千年的历史。从那之后，社会才开始趋向安定，这与大米干燥后能够长久保存有着很大关系。大米成为劳动报酬的计算标准，与货币具备同等价值，并且土地的富饶程度也可以通过大米产量的多寡来表示。尽管以前的生活必然存在诸多不易，但种植大米让很多人得以维持生计，并让日本文化日益丰富。水稻种植俨然占据了中心位置，人们的生活则围绕其形成。

水稻种植将自然与人类的生活优美地缔结在一起，让人们得以进一步磨炼对于自然的感受力，并由此成为了日本文化的基石。对日本人而言，米饭与其他食材不同，绝非儿戏。水稻收割后，经过脱壳的程序成为稻谷进行保存，稻谷去除谷壳后便是糙米，再进一步去除米糠后才是白米。一种植物却有着好几个不同的名字，这

是因为不同工序中，人们会加以区分地称呼它吧。所以在烹煮、享用白米的时候，要好好地加上"御"这个表示尊敬的接头词，好好珍惜米饭。

大米的正确处理方法与煮法

　　将大米进行淘洗，去除残留在米粒表面的米糠，用笊篱捞起。与三十多年前相比，现在的大米表面残留的米糠较少，将大米全部浸湿后沥水，然后无需太过用力地用手指快速搅浑洗净，直到淘米水不见浑浊、米糠全都淘洗干净，表面呈现光泽感，便可以用笊篱捞起。从这里开始，要让水分充分地浸润原本干燥的大米（1）。这时如果让大米一直浸在水中，会让杂菌快速繁殖，因此很重要的一个步骤便是沥水。"唰唰"地沥干水分后，放置四十分钟左右，让大米吸收水分。从水中捞起时，表面残留的水分便已经足够。让大米的芯都饱含水分，米粒会显得更白更饱满（2）。吸收水分，便会膨胀开来。这个状态的米，我称之为"洗米"。

　　洗米是自古以来的处理方式，也是煮出好吃米饭的基本。只不过，每一次煮饭都要事先花费三四十分钟洗米，在现实

（1） （2）

操作中确实有些难。洗完米放置在笊篱中时间过久的话，米就会因为干燥而裂开，用这样的米断然无法煮出好吃的米饭。因此，我的做法是洗完米之后，使劲将水分甩干后马上放入保鲜袋，然后放入冰箱保存，需要烧饭的时候再取出来使用。

晚上洗好米后便存放在冰箱里。如果第二天早上因为有面包而不煮饭的话，便会一直放到晚上，再取出来。而晚上又因为回家晚了而不煮饭的话，放到第三天早上也没问题，当然米饭的味道或许会差一点。

（3）　　　　　　　（4）

　　煮饭的时候，在锅中加入优质的水后立刻开火。用电饭锅的话，也可以选择快煮模式。因为洗米已经充分地吸收了水分，所以快煮的效果也很好。（现在市面上的电饭锅，都是设定为大米尚未完全吸收水分便开始煮饭的基本模式。）

　　煮饭时的加水量则应该仔细测量，需与洗米同等的量。洗米与水的比例基本上是一比一的，但也可以根据个人喜好进行增减（3）。

　　刚煮好的米饭，要先用饭勺进行翻搅，让多余的水蒸气散发出去。如果有木饭桶的话，那转盛到饭桶中是最理想的（4）。刚刚煮好的米饭会让人产生幸福感，单单是温热的感觉，就会让人觉得美味。不过实际上，米饭稍稍放凉一会儿的话，能够让人愈加体会了解到米饭真正的美味。如果是晚上煮的饭，放在木饭桶中，第二天早上便会变成美味的冷饭。好吃的冷饭也会有种扑鼻的香味。因为多余的水分被木桶吸收，用来炒饭恰好可以做到松软、粒粒分明的口感，是美味的冷饭。

食材丰富的味噌汤

味噌是日本人自古以来便非常熟悉的发酵食品。一汁一菜的饮食方式，是以味噌汤为主的。请想一下，只要能做味噌汤就好。这并不是说味噌汤里只有高汤是最重要的。想要做出美味的味噌汤，其实有很多方法，首先请透彻地了解味噌汤的根本。只要在热水中加入味噌并溶开，味噌汤便完成了。在热水中化开盐，我们不会称之为盐汤。只有在热水中化开味噌，我们才会称之为味噌汤，这已经是固有名词了。这是为什么呢？因为味噌本身就是特别的，这是日本的味噌所具有的力量。著有《体质与食物 健康之路》一书的秋月辰一郎医生便说道，"味噌是日本人维持健康的必要品"。

食材丰富的味噌汤能够维持身心健康，让人们充分摄取生长所必需的养分。在味噌汤中加入丰富的食材，则让汤本身成了配菜。

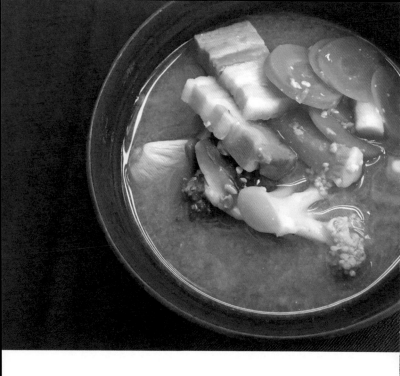

　　请使用以不同地方各自的传统方法制作而成的"味噌"。也可以将不同种类的味噌自己进行调味。味噌的使用量，可以按照一人份多少克进行计算。当然，根据食材的软硬程度以及加热时间的长短、烧煮入味的情况也会有所变化，另外也会因为食材本身的量和性质而变化。但是，味噌作为调味料非常出色的一点便在于：即便多放了一点，又或者少了一点，都能做出美味的味噌汤。味噌这样一种生命体的存在，正体现了大自然的博大。如果觉得有点太咸，可以再添加热水。就这样完全交给味噌，制作菜肴时可以无需计算调味料的用量。

"水分"基本上是水。"食材"可以是任意的。被称为田中肉的豆腐和油豆腐是大豆食品。肉类、鱼类、培根、火腿以及鸡蛋则提供蛋白质和脂肪。蔬菜、菌菇、海藻具有维生素和食物纤维，可以调整身体状况。将这些食材进行组合，肉类少一些，蔬菜多一些。还可以把前一天吃剩下的炸鸡块与蔬菜混合在一起，煮成味噌汤。像这样去做味噌汤，每次都会有不同的风味，可以说是无法再现的。当然，有时候可能会不怎么好吃，但偶尔会做成让人惊叹的美味。在这个过程中，就会明白好吃与否并不是最大的问题。在烧煮食材的过程中，汤汁会越来越少，便从味噌汤变成了味噌炖，也就是变成了炖菜。由此，便能理解汤与炖菜之间的关系了。

（1）

方便快捷的一人份味噌汤

味噌汤的量可以用实际盛装的木碗作为基准。切成小块
或手撕的食材总量差不多是装得满满的一碗，而水同样是这
样一碗的用量（1）。

味道浓厚的油豆腐、培根、火腿、肉类（鸡肉、猪肉）
以及蔬菜，都切成能够迅速加热的大小。卷心菜和菌菇类则

（2） （3）

可以用手撕成小片状。另外，还可以在汤内加入小鱼干或虾干，不但可以增添风味，也能够补充钙质。

　　将这些食材全都放入锅内并点火（2），大部分的食材可以马上煮软，确认煮的程度（硬／软），再将味噌溶于汤内（3）。食材丰富的味噌汤，只要在味噌溶开后，再煮一会儿便能入味。

　　◎ 味噌汤的温度。如果是食材较少的味噌汤，煮开后便关火，也就是煮花，这个时候喝汤，能够品尝到最佳的味噌风味，非常美味。不过，煮开后的味噌汤，也并非一定执着于那个温度，随着温度下降，会呈现出每个温度相应的美味。热热的是触觉带来的快乐，而美味则是味觉的快乐，两者是不同的（所谓煮花，便是一开始煮沸后，那个最美味的瞬间）。

◎ 水，不仅对于味噌汤而言，而是所有料理的基本所在。在水中放入食材后加热，食材本身的味道便溶于汤中。那也就是我们通常说的"高汤"（日语中相应的汉字为"出"），好味道便煮出来了。因此，本身味道更浓厚的食材（培根、肉等）作为汤的配料放入后，就算不添加所谓的高汤也可以很美味。作为高汤的替代品，可以将蔬菜过油热炒，会有同样的效果。先将蔬菜清炒后入水便可。其中，卷心菜的美味效果尤为突出。

◎ 制作双人份味噌汤时，只要加入原本水量的两倍，由于蒸发率的关系，水可稍多加一些。随人数增加可以分次加入少量的水。

◎ 如果想要放入不太容易煮透的芋头或土豆时，可以事先将这些食材放在水中煮透，再放入其他食材。

◎ 若要放入鸡蛋，可以在味噌溶开后，准备关火时慢慢地将蛋打碎放入，火调小，根据个人喜好，再煮三到四分钟。

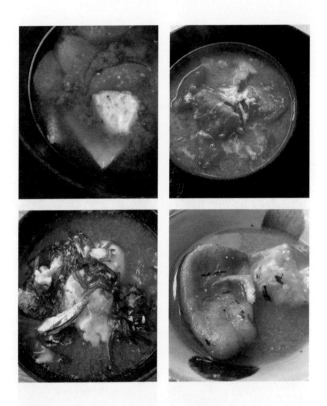

〈不作修饰的味噌汤〉

这些是我平时做的在实际生活中吃的味噌汤。味噌汤中可以放入任何材料。食材都不尽相同，无法重复再现，每天都是不同的味噌汤。如果只是自己吃的话，就算卖相不太好，也能品尝到美味。面对锅中剩下的食材，无可奈何地全都盛入木碗中，让我联想到人们的生活。只要基本的东西和内容物认真做好的话，表面上哪怕没有任何装饰也无妨。

〈调整卖相后的味噌汤〉

即便只是和家人吃饭，或者跟其他人一起吃饭，感觉自己还是会对外观有所考
虑。相较于一个人吃的时候，会把味噌汤弄得更漂亮一些。想要卖相更好一
点，就要稍微考虑一下色彩的问题，食材的搭配也要讲究一点。在盛装的时
候，可以多放些汤汁，让配菜不那么显现，单单这样就很有效果了。

关于味噌

　　味噌则使用各个地方传统中已经非常习惯的品种即可。这都是用从古至今延续下来的做法，充分探究材料而养成的味噌。以原材料本身来加以区分的话，消费量最高的咸味米味噌（淡色·信州味噌等），是用了三个月左右（最理想的是半年以上）的时间熟成的，其中也有放置了两年的味噌。豆味噌则多产于以爱知县为中心的区域，其熟成期间长达半年至三年。被称为"田舍味噌"的麦味噌，则多产于九州地区，用三个月左右的时间进行熟成。让我们来看看各地传统的味噌。

　　〇信州味噌（米味噌）　用大豆、米曲和盐混合在一起进行发酵而成的米味噌。色泽呈现为山吹色（淡色味噌），随着熟成时间的延长，色泽也会变浓（赤味噌）。
　　〇仙台味噌（米味噌）　熟成时间较信州味噌更长，多为半年至一年的时间。味道偏咸。

○八丁味噌（豆味噌）　仅用大豆与盐制成，不使用米曲。将大豆蒸熟后碾碎，团成球状做成味噌玉，洒上种曲并与盐混合。经过将近三年的长期熟成。色泽为黑色。产于爱知县等东海地区，也被称为冈崎味噌。

○西京味噌（米味噌）　由于熟成期间较短，色泽为白色，也被称为白味噌。使用较大量的米曲，与盐以及煮透的大豆混合研磨，静置一晚后，点火加热中止发酵。五到二十天便完成制作。以京都等关西地区为中心，香川和广岛地区也很喜爱这种味噌。在庆祝宴席和接待客人时的味噌汤便是用这种味噌，而京都人每天喝的味噌汤一般会使用赤味噌或者调和味噌（搅拌混合后的味噌）。

○九州麦味噌　色调为淡茶色。将大豆、麦曲、盐混合后发酵熟成的味噌。熟成期间为三个月至一年左右。多产于九州地区，还有濑户内地区。

◎味道比较　准备两到三种味噌，根据每天的心情替换着使用，便会发生不同的变化，而将这些味噌混合在一起使用也是每个人的自由。以消费量最大的信州味噌为基准的话，白味噌西京味噌的味道中，米曲的甜味（鲜味）较强，相比较之下盐分较少。八丁味噌则酸味和涩味这些风味较丰富，而甜味较少。麦味噌较白味噌而言，甜味较强，并有着麦子的风味。冬季时节，在赤味噌中拌入少量白味噌，能够增添稠度，让人感受到温暖、美味。相反的，炎热季节中，八丁味噌能够给人以清爽的美味体验，另外，与猪肉汤、鱼骨汤的味道也很搭。顺便提一下，还有一种名为赤汤味噌，颜色呈黑色。这是味噌的销售商店将较硬的豆味噌重新与其他味噌混合在一起，制成的使用方便的调和味噌。

◎味噌之力　在味噌里，由于盐分及其他环境条件的作用，容易引发食物中毒的细菌几乎无法存活。将编号0—157的大肠菌埋入味噌中，也全都灭绝。这种威力实在让人吃惊，历史上从没有过一起有关味噌的食物中毒报告。在味噌里能够存活的是有益于人体健康的乳酸菌（有益菌）等。

（参考味噌健康维持委员会 / 味噌的官方网站）

瞬间完成的味噌汤

稍微感到有些疲倦的时候，有时会简单地在热水里放些盐喝，同样，在热水里泡一些味噌就好。这是初级的味噌汤。喝了味噌汤，心情就会变好，整个人放松下来，这是因为身体最了解味噌的好处。经常会说"味噌有利于气血"，身体不舒服的时候还可以将味噌溶于茶里，做成"味噌茶"喝。在冲绳，最常喝的是被称为"Kachu汤"的味噌汤（72页）。在木碗中放入味噌和一撮鲣鱼花，再注入热水，便完成了。我则是用小鱼干代替鲣鱼花，因为小鱼干能够补充钙质。

外出的时候，也会想要喝味噌汤。没有食材的味噌汤，与便当搭配很合适。与泡茶相比，准备味噌汤毫不费事（右图中蓝色瓶盖的瓶子是我在外出时一定会随身携带的"携带味噌"。味噌可以变为汤，另外还可以代替配菜和盐，让我觉得安心）。

〈Kachu汤〉

在木碗中放入12—15克味噌与一撮鲣鱼花，倒入150cc热水，搅拌即可（用量仅供参考）。所谓"Kachu汤"是冲绳的方言，意即鲣鱼汤。

〈某个匆忙早晨的味噌汤〉

在木碗中放入味噌、去除头部和黑膜后掰开的小鱼干、樱花虾、干裙带菜，再打入一个鸡蛋，加入热水后，边搅拌味噌边吃。

不时不食的味噌汤

意识到季节的变换，会不可思议地让人焕然一新，味噌汤也一样。

[春季的味噌汤]

富有春天气息的东西是那些发芽的东西。芹菜、鸭儿芹、新笋和油豆腐可以做成上乘的味噌汤。特别是将山当归切成大块后，加入带有汤汁的鲭鱼罐头煮好后，再用味噌进行调味，制作完成的当归汤是春天的乐趣所在。

紫花豌豆早早地上市了。豌豆和蚕豆也已经要结出果实了。到了晚春，新洋葱、新土豆都开始上市，和培根应该会很搭吧。

海洋中也迎来了春天。新长出的新鲜裙带菜和只有这个时间段才能看见的裙带菜茎都出现了。贝壳的季节正是春天。

尽管一年四季都有，但用这个季节的蛤蜊煮的味噌汤是非常特别的。从冷水开始加热，贝壳开口后，衡量好蛤蜊本身的盐分，加入少许味噌即可。

[夏季的味噌汤]

初夏时节，加入了莼菜的味噌汤清新舒畅，让人愉快。将售卖的烤香鱼放在水中煮好以后，再放入红汤味噌调开，便是一道别有风味的味噌汤。茄子煮的时间过长便会出现浮沫，因此平时会切成薄片放入汤中。圆茄子则会切成厚片油煎之后，配些黄芥末，与味噌汤一起享用。

南瓜比较容易煮透，所以稍微切成大块会比较好。煮烂了也一样好吃。完全煮烂，变得稠稠的，就成了南瓜汤了。毛豆等可以磨成泥，然后加入味噌汤进行勾兑，做成西式浓汤一般的感觉，在日本料理中被称为"擂流汤"。将烤竹笺鱼的鱼肉拆碎，加入芝麻酱研磨，再用味噌调味，然后加入切成薄片的黄瓜和冰水，便是一道快捷简便的冷汤。

将味噌汤中的食材捞出后，放入冰箱，可以保存数日。冷的味噌汤同样美味，再重新加热也可以。

[秋季的味噌汤]

这个时候，芋艿等食材也很美味。在另一个锅内，连皮放入水煮，这样一来皮就会很容易剥除，再用力捻一下就弄碎了，放入味噌汤一起加热。碎了之后，能够与汤汁很好地融合。用山药的小块茎做成的零余子（山药豆）味噌汤同样别具一格。

蘑菇汤是从采蘑菇开始，在山里面做成的味噌汤。带着卡式炉，还有味噌、鸡肉、茄子等食材，去往山上。将附在蘑菇上的落叶等杂物彻底洗净，满满地放上一锅加水烧煮。之所以加入茄子，是因为自古就有这样的说法，茄子可以消除蘑菇本身的毒性。当然，也可以买两到三种人工栽培的蘑菇，在家制作。

质地较硬的山药则用擦菜板做成山药泥，然后润湿双手将山药泥按照一人份的份量分隔，分别放入味噌汤中煮30秒左右，水潽山药的味噌汤便完成了。口味清爽，美味可口。另外，还有一种做法是将味噌汤中的山药泥充分搅拌碾展开，便成了山药泥汤。顺便提一下，将麦片与大米混合煮成的米饭，与山药泥汤搭配在一起，就是"山药泥麦片盖浇饭"了。

晚秋节气，体感较凉的清晨，在平时吃的味噌汤中配上一些白味噌，汤汁就会变得更浓郁甜美，让人身心温暖。

[冬天的味噌汤]

冬天的主角是根菜类，如牛蒡、胡萝卜等蔬菜。除了胡萝卜，很多菜都很难煮软，与味噌汤一起煮难以入味，因此需将牛蒡斜着削成竹叶似的薄片。最近，烧煮牛蒡时也不会特意撇去浮沫，就这样也很美味。牛蒡与肉类搭配味道也很好，可以做成猪肉味噌汤。

随着天气变冷，浓厚的味道会更显美味。用芝麻油翻炒豆腐，做成卷纤汁。经常会做的还有利用咸鲑鱼的鲜味制作而成的粕汁。在平时做的味噌汤中加入些许味道温和的酒粕，味道也很好。

[海鲜味噌汤]

贝壳类的味噌汤，则是用玄蛤、文蛤、蚬子做的味噌汤。从春天开始直到退潮赶海之时都是贝壳类的季节。夏天或者隆冬时节，蚬子等生长在淡水、微咸水区域的贝类会是更好

的选择吧。

制作贝壳类的味噌汤其实非常简单方便。将各个种类的贝壳放在一起相互摩擦彻底洗净后，放入锅内，用木碗计量必要的水分。如果贝壳的量比较少，也可以用海带加以补充。用中火慢慢煮，等待贝壳开口，烧开后将浮沫去除，放入味噌化开就完成了。在海水中栖息的玄蛤、文蛤等本身就含有盐分，所以要注意控制味噌的使用量。

用鲷鱼和鳕鱼制作的味噌汤是很特别的。事先的准备非常重要，先要将鱼用热水涮一下取出，用流动水冲洗干净，去除鱼鳞。然后放入冷水烧煮，再放入味噌溶开即可。无论什么鱼都可以烧出鲜汤，不过小鱼要特别注意细小的鱼刺。竹笑鱼的鱼头和主要的鱼刺需经过水煮后去除，再将鱼汤做成味噌汤。

此外，还有使用鲜虾和海蟹制作的豪华版味噌汤。因为各种鱼类都会有其自身的味道融入汤里，所以都会有着独特的美味。

[使用高汤烹煮的味噌汤]

如果是每天的饭菜或者自己一个人吃的时候，只要将味噌溶在热水中做成味噌汤便已足够。如果是为了招待谁做味噌汤的话，也有不能这么简单的时候，还是将高汤的做法也记下来。这种场合，可以适当地减少食材，相较于食材，汤汁才是主角。

如果使用高汤的话，可以让味噌汤的风味变得圆润，基本上都很鲜美。在烧水的阶段，就用高汤代替也是可以的。将小鱼干、海带、鲭鱼、鲣鱼等切碎熬煮的高汤，以及鸡汤、肉汤等都可以使用。

高汤并非越浓越好。真正的美味来自于高汤与味噌之间的平衡，如果想要追求美味，就需要考虑到高汤的浓度、种类及其与食材之间的关系。

例如，用白味噌（西京味噌）制作的味噌汤与鲣鱼花煮出来的高汤，在风味上便很不搭。这是因为白味噌中来自于米曲的温和口味和美味已经很充分了，反而会让鲣鱼花的腥味更明显。所以，只需将白味噌溶于热水中，便能做成美味的味噌汤了。如果要与高汤搭配使用，可以选择有着温和鲜味的海带高汤。

浓高汤非常适合在味噌汤中加入乌冬面和素面。浓高汤主要是指风味强烈，由小鱼干、鲭鱼、沙丁鱼切碎熬煮而成的高汤。但是要注意的是，食材较少的清爽味噌汤，是不太适合用浓高汤的。味噌才是味噌汤美味的主角，因此掩盖或者消除味噌本身风味的浓高汤，会让味道变得过重。兴致高昂地说着"今天要做一个让人鲜掉眉毛的味噌汤"时，也许就会比平时多抓一撮鲣鱼花放入汤内。然而，这并不一定能够做出鲜美的味噌汤。在这种时候需要稍加控制，只要做到对味噌的美味进行补充的程度即可。这样的话，就不会做出粗劣的味噌汤，而是味道上乘、品味极佳的味噌汤。

[如何汲取高汤]

一般而言，说到汲取高汤都会觉得很难，其实难度高的是料理店中制作吸物（日本汤料理的一种）时需要汲取的清汤，其他普通的高汤绝对不难。吸物所用的高汤，被称为"第一高汤"，是特别的高汤。其他的高汤，则可以选择小鱼干、鱼花、海带等中等价位的食材，按照自己的喜好搭配起来熬煮。制作方法是在冷水中放入食材一起烧煮，待水沸腾后便将食材过滤去除。也可以将小鱼干和切得稍厚的鱼块放在水中浸透，然后再点火烧煮。用小火煮至汤色接近饴糖色，好的高汤便完成了。将高汤盛入宝特瓶中，放在冰箱储存，可以放置两到三天。

一汁一菜的应用

本书中，将一汁一菜作为一顿饭的最小单位。归根到底，米饭和味噌汤（充当配菜的食材丰富的味噌汤）才是主体。每天这样的饮食方式，已经考虑到包含所有珍贵的营养素在内。在一汁一菜的基础上，再添加一道配菜的话，就是一汁二菜，添加两道配菜的话，便是一汁三菜。

在这些情况下，需要减少味噌汤中食材的种类，以保持平衡。如果增添配菜的话，味噌汤的食材可以相对简单一点，只要对配菜进行相应的补充即可。如果配菜是鱼类料理，那就做蔬菜的味噌汤。如果配菜是煮茄子、煮南瓜或者根菜类的话，味噌汤的食材则可以选择豆腐和油豆腐的组合，或者猪肉、葱和绿色蔬菜的组合。

减少食材之后做成的味噌汤口味清爽，可以充分享受味噌汤本身的鲜美。多数情况我会准备好高汤，将豆腐和油豆腐、当季的绿色蔬菜放入高汤点火加热，再放入味噌，煮开后便完成，盛装在木碗中。味噌原本就是腌制物，对于味噌汤的美味与否是至关重要的。但也可以根据个人爱好，添加一些花椒或柚子等香料。像这样的香料被称为吸口。

将当季的蔬菜混入米饭一起煮做成菜肉焖饭的时候同样如此，把焖饭想象成是加入了一道配菜的米饭，相应地味噌汤就应该适当减少食材，做成清爽风味的味噌汤。另外，平时也会做的炒饭，同样包含了配菜的要素，也应当搭配以简单风格的味噌汤。在关西地区常见的"加药饭"，则是将香菇和牛蒡切成米粒大小，加入酱油等调味焖煮而成的饭，配以加入咸鲑鱼的粕汁，已经成了常规套餐。秋天时节经常吃的栗子饭，则与味道十足的猪肉味噌汤非常搭。也就是说，味噌汤与米饭，根据其不同的组合搭配，也能成为一汁一菜的佳肴。

用美味的高汤制作味噌汤的话，也可以加入米饭一起煮，做成味噌杂烩饭。做杂烩饭的时候，如果使用冷饭的话，可以用冷水冲洗一遍，去除米饭的黏度。不过，冷饭也好热米饭也好，也可以不经过冲洗，就这样放入汤内煮，让杂烩饭有恰到好处的黏稠度，这样也很好吃。用生姜末"凝固"的话，可以让味道更集中（所谓"凝固"，是将其作为装饰配菜或吸口，最后放上一些带有香味的食材）。味噌杂烩饭和咸菜的搭配，也是一汁一菜的形式。

　　在味噌汤中加入面疙瘩也很好。面疙瘩是在小麦粉中加入热水，稍加搅拌而成。过度搅拌的话，会调出面筋，变得过硬，所以只要稍加搅拌，便可放入汤中。加上些许芝麻油会更美味。煮好的素面、乌冬面都可以放进去。稍微有些稠稠的、温温热热的，吃进肚子后让人顿感舒畅惬意。

　　正月里，一般不吃米饭，而是吃年糕。在京都和香川等地区会把年糕放入白味噌汤中焖煮，是杂烩菜的一种，也就成为正月的一汁一菜了。另外，在锅中放入冷水，再放入海带和豆腐加热便是汤豆腐。在温热的饭碗中添上白饭，再将整块豆腐和高汤一起放入，上面添点味噌，便做成了"埋豆腐"这道菜肴。一边化开味噌，在吃的过程中就变成了味噌汤。像这样将味噌当作一种调味料的话，可以变换出各种各样的使用方式。

一汁一菜即风格

　　那么，如果一直持续这种一汁一菜的饮食方式的话，是不是不能吃西餐了呢？也许会有人这么想，如果是面包或者意大利面又该如何做呢？一汁一菜这个提议绝不是以禁欲式的健康法则为目标的。我自己也会吃面包，无论是西餐还是中餐都会把它当作配菜来吃。

　　总的来说，将"一汁一菜就好"（思考方式）作为一个基本方式就好。时常在脑中思考可以长久为之的一汁一菜的形式，并以此来决定吃什么和怎么吃。将米饭改为面包，也可以做成一汁一菜。意大利面和味噌汤也可以搭配在一起。味噌汤作为一汁一菜的支柱，同样也是日本人维持健康的要素，所以有意识地每天都能够坚持喝味噌汤。用面包代替米饭的日子，则会在烤土司上面抹上黄油或橄榄油，搭配味噌汤吃。

　　对于味噌汤和面包这样的组合，也会有人表示吃惊，不过让我感到意外的是，年纪大的人反而比较自由，若无其事地便会把烤土司啊，牛奶什么的加到味噌汤里，或者在米饭里浇上牛奶吃。把烤土司作为味噌汤的一种食材，这样的做法早在五十多年以前的菜谱中便有记载。对于这种做法如果感到奇怪的话，其实是被那些外在的信息影响了，比如日本料理中不能使用意大利面啊，意大利菜是这样的而法国菜是那样的，等等。

　　对于外国的食文化其实不用原样照搬，因此在一汁一菜中也会运用外国的料理。一边遵守着一汁一菜这种风格，可以让和式与西式互相折中。在家里，"吃某种料理"，有这样一种约定俗成的习惯就好。这种饭菜哪怕是不做饭的男性也可以完成。因此，平时为全家人烧饭做菜的女性即便要晚回家，也没关系。只要跟自己的伴侣说一句"随便吃点吧"就好。这样的话，他们总会自己随便而又自由地吃点什么，不用操心。一个人的时候，其实是很轻松的。也许就把冰箱里的培根炒一下，放入冷水煮成味噌汤，再放入冷饭焖煮，便可以做成培根味噌杂烩饭了。这个可是相当美味呢。我认为这样的日子也挺好的，这是一种生存能力在发挥作用，并不是乱做乱吃，而是理所当然的事情。

尽管没有时间也没有精力，也完全做不好，但并没有必要做配菜。如果要做配菜的话，真的是完全没有好处。即便是有时间，但事情太多，总会有不想做的时候吧。吃饭的时候，哪怕不够的话，米饭和味噌汤都可以再添。另外，即便决定只吃米饭和一汁一菜，现代生活中的我们，只要有好吃的点心，便会泡一壶茶享用。还会吃当季的水果吧。别人赠送的美味食物也会想要吃。所以，尽管只想吃一汁一菜，但结果却变成了一汁二菜、一汁三菜。

即便是坚持一汁一菜的风格，也并不意味着就此决定不再吃别的形式的料理了。有各种各样的日子，也可以吃宴席菜。也想吃肉类料理和色拉。休息日则悠闲地吃个晚一些的早饭和早一些的晚饭，完全可以做一桌的菜，充分享受。只需将一汁一菜这一风格作为基础，由此建立生活的秩序，自己可以创造出各种各样的乐趣。

味噌汤是日本人维持健康的要素，可以每天都喝。
用面包代替米饭也完全可以。这样也是一汁一菜。

有配菜的话，就要相应地减少味噌汤中食材的种类。炒饭或菜肉焖煮饭则是兼备了配菜的米饭。要结合味噌汤的口味，考虑菜单的搭配。

最上面是在煮了面疙瘩的面汤中直接放入味噌。这样的话，在一个碗里便能实现一汁一菜。这些便是一汁一菜风格。

煮饭人与吃饭人

亲手煮的饭菜，其实就是爱。

从本章开始，我想要尝试将各种视角相互比较，对家庭料理的现状及作为自我认知的和食的良好发展，进行考察。

纵览现代日本的饮食状况，在餐馆里可以吃到世界各地的菜肴，任何人都对外国的料理有所了解。在家里也同样如此，摆放着此前从未在日本见过的香辛料、调味料、罕见的加工食品。面对这种情况，人们不禁会说"日本的饮食是世界上最为丰富的"。但是，吃的目的并不仅仅是吃些好吃的东西而已。

与家庭料理相关的约定是什么呢？明白吃东西这件事与生存之间的关联，让每一个人都心存温良并保有感受性。这是让人幸福的力量，也是培养自己获得幸福的能力。

以可持续的家庭料理为目标而提出的"一汁一菜就好"的方案，其未来的发展便在于重新获得秩序的生活。在每个人的生活中，让家庭的意义重新回归，并打造能够代代相传的生活方式。并且，一汁一菜又是了解日本人、了解和食的一个途径。

专业菜肴与家庭料理

有一种说法是，"饭菜是想着吃饭的人而做的"。这尽管是理所当然的，但并不是指要听取所有吃饭的人的意见并回应他们的要求。最近几年，一流的专业厨师的服务姿态和精神，以及为此付出的辛劳及努力，是否得到了普通顾客的好评呢？这个问题被各种媒体提出，进行相关报道。这样一来，顾客之前无法看到的一面被广而告之，他们便开始相信"专业厨师应该就是这样的"。也许是这样的原因，店方也开始过分地逢迎顾客，小心翼翼地提供服务。而对这种态势有所洞察的顾客也就开始更进一步提高要求。随着数码相机和智能手机的普及，人们也开始习惯于拍摄料理的照片并上传评价。食客们是付钱消费的，因此可以坦然地将饭菜剩下，也可以按照自己喜欢的方式吃饭，也可以说出自己的评价，这样想的人不在少数。但我认为像这样让食客变成上帝的风气并不好。

　　作为店方，顺应顾客的无理要求并不是解决问题的正确方式。好的菜肴，就像是在顾客、服务、厨房、经营者这关系网的正中央浮现的汤一般的东西。平平稳稳不会溢出的状态才是最稳固的，绝不可倾向于任何一方而导致汤水溢出。原本，店方与顾客是相互对等的关系，与平时人与人之间的关系相同。即便是饮食店，淑女、绅士也应该发挥自己的想象力，考虑到别人的立场，遵守饭桌上说话应有的音量，避免不符场合的行为。能够做到这种程度的情侣才是完美的。

　　由此，专业厨师创作菜肴的目的是将成本考虑在内，用厨房内外的技巧恰当地满足顾客的需求。另一方面，相对于专业厨师的工作，家庭料理其实是无偿的工作，这一点恐怕无需多言也应该便能明白。专业厨师做的菜肴和家庭料理有着完全不同的意义。家庭料理多是简单朴素的菜肴，其目的是保持自己和家里人的健康。因此，并不是所有菜肴都适合做成家庭料理。有些菜肴会带来异样的感受。所以，差不多在中间的程度，只要能做到中等美味，就已经完成了第一步。

　　家庭料理是每天都要做的事情。如果家里有孩子的话，除非出去旅行，否则就不能随着自己的性子说今天休息不烧饭之类的吧。给孩子们烧饭吃是大人们的职责所在。无论在什么情况下，都必须给孩子们弄吃的。家庭料理的本质绝非儿戏，而正是生存本身。

只要吃的东西被作为食物端上桌，认为其是安心安全的自是理所当然。在家里，孩子们原本就不会对食物有所怀疑，无条件地信任着。父母也自然要用自己的经验和爱的力量去承担这样的责任。有时候也会想着真对不起孩子们，不时地会买些现成的小菜一起端上饭桌。但是，对孩子们来说，这些食物是不是父母亲手做的，他们很容易便能分辨。尽管他们什么都不说，父母做的事情都看清了。因为一直以来父母的努力，让孩子们自然而然明白了很多事，所以他们是能够明白的。而他们之所以什么都不说，也是因为他们非常清楚地知道父母亲一直在为他们努力着。

人类生活中最重要的事情，正是"拼命努力地生活"，并不是饭菜做得好不好、有用还是没用、能不能掌握要领这样的事情。拼命努力地做事，是最纯粹的事情。而纯粹本身就是最美、最值得尊重的事。我相信这一点必然会深深地印刻在孩子们心里。父母拼命努力生活的样子，是教育的本质，即便在那个当下尚不能理解父母的心情，待到孩子们自己有了更多的经历体会，变成大人的时候就必然会理解。"不求回报的家庭料理是创造生命的工作"，我所敬爱的清水博[3]先生便是这样教导我们的。

3　清水博：东京大学名誉教授，NPO法人"场的研究所"所长，药学博士。从事生命科学、生命关系学、"生命"与场的哲学研究。

家庭料理不好吃也无妨

　　小时候，曾在大阪住过一段时间。家附近住着一位著名的作家，与父亲关系甚好。某日，父亲说起了散步途中遇到那位作家时聊天的内容。作家的太太为了向一位有名的法国料理厨师学习烹饪，想要从东京来到大阪，便问丈夫："我去学习烹饪好吗？"

　　那位作家回答道，"只要不在家里做学习到的饭菜就行"。场合不对的话，断然不会有好心情。对于一直以来的饮食，自己已经很满足、很喜欢了，从今以后也希望能够这样保持不变，他说的就是这个道理吧。那时候的人们似乎觉得在家里模仿外面餐馆的做法烧菜是很羞耻的事情，也绝对不会认为这是件有品位的事情吧。

　　说到家庭料理时，经常提到的"花心思"是什么呢？那是为了让爷爷吃得更舒服而把牛蒡煮得更软一些，或者把食物切得更小块。盘子里剩余的食物，为方便孩子们吃而转盛在更小的容器里，这些都是家庭料理中花心思的地方。并不是要为每一个家人制作不同的饭菜，而只是这些小地方的改善。真的只是一些细小的力所能及的事情。吃饭的人或许完全不会留意，但是"这饭菜是为了我而做的"这种想法却会无意识地在心中默默留存。

在我看来，家庭料理很重要的一点便是不要太下功夫。因为没有太多变化的饭菜才能带给家里人安心感。在这个意义上，家庭料理大都是些不会让人吃厌的东西。

因为在外面很少吃到蔬菜，自己做饭的时候，一定会无意识地在味噌汤里加入大量蔬菜。只要保持做菜这个行为是纯粹的，也会无意识地想要做好的食物。做饭的人始终是想着吃饭的人制作料理的。为某人做饭，本身已经是爱的表现了，而吃饭的人则已经是被爱着了。

在家里吃饭的体验是非常重要的。从小时候开始，直到长大成人，被问得最多的一句话，也许就是"好吃吗？"孩子会说"味道有点浓"，"今天的味道和平时有些不同啊"，"哦，真的吃出来了呢，今天的蔬菜是奶奶自己种的蔬菜，寄过来给我们的哦"。

家里的食材也并不总是新鲜的。没能煮好的芋头啊，剩下来的菜结果坏了，等等，这些都很平常吧。"在冰箱蔬

菜柜里放在底层给忘了的芋头，对不起啊！""这已经坏了呢，别吃了。"所以，不是只有好吃和难吃这两个问题。

我小的时候，只要感冒了，或肚子不舒服的时候，妈妈就会煮粥给我吃。随着病情好转，一点点往粥里加味道，快要好的时候，就会做煮比目鱼给我吃。比目鱼属于白肉鱼，容易消化，鱼刺也比较好剔除，吃起来很方便。哥哥大多数是让妈妈做清蒸比目鱼给他吃。我一个人努力地吃鱼的时候，就会得到妈妈的表扬"很厉害呢，鱼吃得又干净又漂亮！"那让我很高兴，从那之后就一直想着吃鱼要吃得干净漂亮。

在饮食教育的论说中，已经阐述了一起吃饭的重要性以及一家人聚在一起围着餐桌的重要性。但是，对于做生意的家庭或者父母双方都需要上班的家庭而言，无法一起围坐在餐桌旁用餐却是常事。将父母事先准备好的汤自己再重新加热一下，孩子们自己吃饭，这样的家庭反而很多。即便如此，其实重要的东西已经给到孩子们了。那就是亲手煮的饭菜，其实就是爱。因此，并不是只有一起吃饭才是重要的。

谁都不在家的晚上、父母晚归的时候，只要在厨房里有乌冬面火锅的食材并分别盛装在碟子里，这样就很开心了。乌冬面、鸡肉、鱼糕、香菇、切碎的香葱等一应俱全。放入一人用的土锅内，再加入高汤，点火烧开后，放入乌冬面煮透。一个人在电视机前吃着热乎乎的乌冬面火锅，这样的夜晚对我来说是珍贵的记忆。

家庭料理并没有必要总是准备丰盛的饭菜，也没有必要要求总是那么的美味。在家里，所有的事情都能体验到，而这些都是对身处社会有用的事情。无论做得好坏，首先能做到的就是拼命努力，这才是最重要的。

关于做饭的人与吃饭的人之间的关系，让我们再进一步思考一下。

煮饭人与吃饭人的关系——外食

在餐馆（外食）里，有各种各样的状况，制作料理的人要达到的目标也是各种各样的。在这里，设想某家餐馆的情况如下。

餐馆是要做生意的，因此不提高利润的话，便无法成立。但是，这家店的老板兼主厨不仅仅想要提高收入，也想要通过烹饪这项工作让更多人感受到快乐，并由此让自己也得到某种提升。他就是抱着这样的志向，希望自己的饭菜能够让顾客产生幸福的感觉，哪怕这样的时间很短暂。采用当季的蔬菜等人们熟悉的食材，再下一些功夫，精心准备饭菜。也会用一些在家里不太能吃到的稍微高级些的食材。对于这家法式料理的餐馆而言，提供美味佳肴是理所应当的，而更希望的是能够让顾客度过一段特别的时间并让他们想要再来光顾。

老板兼主厨与顾客之间，用煮饭人与吃饭人的关系进行说明。主厨的"给予"(①)、顾客的"接受"(②)、顾客的"返还"(③)、主厨的"接受"(④)这一系列行为中,可以获得些什么信息呢?

主厨的"给予"(①)是采用珍贵食材的原因和意义、灵感(主意)、外观的丰盈和美感、丰富的美味口感、让人舒服且品味良好的大厅以及让人放松的照明、留存心中的逸事(故事)等等。

由此,顾客的"接受"(②)是满足好奇心的新知识、珍贵的饮食体验、充实的感受、幸福感。

然后"顾客的返还"(③)则是感谢、支付餐费、客人做出的社会评价。"主厨的接受"(④)中则有充实感、盈利等等。

像这样以享受美食为目的开设的餐馆,会以相应的经验和信息来与报酬进行交换,主厨与顾客的关系也保持良好的平衡,双方都圆满地得到满足,信赖关系便由此生成。

[高级餐馆·日式高级酒家]
制作让人评价的料理、提高盈利的料理

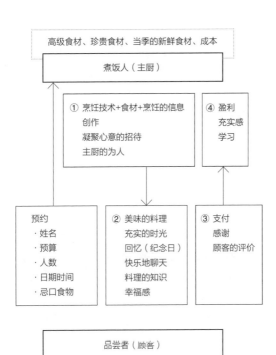

高级食材、珍贵食材、当季的新鲜食材、成本

煮饭人（主厨）

① 烹饪技术+食材+烹饪的信息
创作
凝聚心意的招待
主厨的为人

④ 盈利
充实感
学习

预约
· 姓名
· 预算
· 人数
· 日期时间
· 忌口食物

② 美味的料理
充实的时光
回忆（纪念日）
快乐地聊天
料理的知识
幸福感

③ 支付
感谢
顾客的评价

品尝者（顾客）

[连锁餐馆]

平价提供大量人们喜爱的常规料理

给予人们与朋友共处的场所

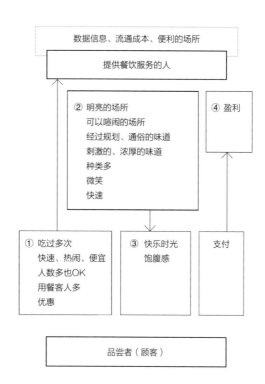

数据信息、流通成本、便利的场所

提供餐饮服务的人

② 明亮的场所

可以喧闹的场所

经过规划、通俗的味道

刺激的、浓厚的味道

种类多

微笑

快速

④ 盈利

① 吃过多次

快速、热闹、便宜

人数多也OK

用餐客人多

优惠

③ 快乐时光

饱腹感

支付

品尝者（顾客）

但是，没有老板兼主厨的连锁餐馆的情况中，顾客的目的本身也已发生变化。寻求的东西（①）是合理的价格、快速、刺激的味道、饱满感、特有的状况（人数等）。与此对应的菜肴则是能够快速提供，并且被多数人喜欢的食物（例如汉堡、意大利面、咖喱等）（②）。

在这种场合，信息的交换本身就变得少而表层，顾客的接受（③）主要是来自对菜肴的满足感，再有一些附加的快乐便已满足。顾客看不到煮饭人的脸，餐馆的接受（④）则仅仅限于盈利。这样一来，交换的信息就会变得非常少。

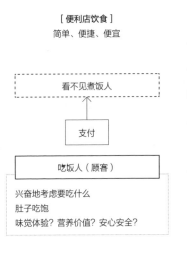

[便利店饮食]
简单、便捷、便宜

看不见煮饭人

支付

吃饭人（顾客）

兴奋地考虑要吃什么
肚子吃饱
味觉体验？营养价值？安心安全？

在便利店用便当、饭团、面包解决一餐饭的时候，煮饭人与吃饭人之间的这种关系便不存在了，只有品尝者一方，便不会发生任何信息交换。

煮饭人与吃饭人的关系——家庭料理

所谓家庭料理，是维持家庭成员生命、每天都要与之发生关系的。

制作饭菜的人，以自身的经验及状况、条件作为饭菜的背景，由此配合吃饭人即家庭成员的条件、状况，进行最大限度的考量（计算），进行制作。吃饭人通过这些菜肴，填饱肚子之外，还会接受煮饭人的料理背景中的东西。随后，从享用饭菜的家庭成员的状态和语言中，煮饭人又会接受更多的东西。

将煮饭人设定为母亲，吃饭人为孩子的话，母亲的"给予"（①）、孩子的"接受"（②）、孩子的"返还"（③）、母亲的"接受"（④）这一系列行为中，无意识地进行着无限的信息交换过程。这一过程每日三餐都会在"家庭料理"这个场域中发生。

母亲的"给予"（①）中，母亲在那一天的状况、条

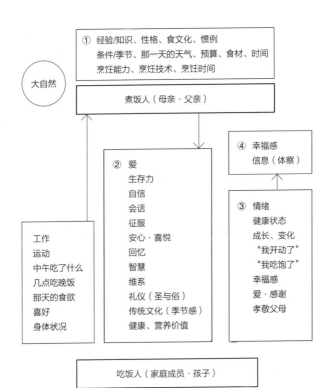

[家庭料理]
每天进行
维持生命的料理

① 经验/知识、性格、食文化、惯例
条件/季节、那一天的天气、预算、食材、时间
烹饪能力、烹饪技术、烹饪时间

大自然

煮饭人（母亲·父亲）

④ 幸福感
信息（体察）

② 爱
生存力
自信
会话
征服
安心·喜悦
回忆
智慧
维系
礼仪（圣与俗）
传统文化（季节感）
健康、营养价值

③ 情绪
健康状态
成长、变化
"我开动了"
"我吃饱了"
幸福感
爱·感谢
孝敬父母

工作
运动
中午吃了什么
几点吃晚饭
那天的食欲
喜好
身体状况

吃饭人（家庭成员·孩子）

件（季节、月份、周几、时间是否充裕、精神状态、材料的有无、用于烹煮的时间、预算等），以及迄今为止母亲积累的经验（天气、自然、食材的知识、烹饪能力、性格、趣味爱好、食文化的礼仪和规矩），以这些作为菜肴的背景。再与品尝者的情况（年龄、性别、喜恶）、状况（生活行为、情绪、健康状态、那一天的肠胃状况）相重合进行考量（计算），制作饭菜。

孩子们的"接受"（②）中，包括母亲的爱（情绪）、满足感、营养价值，同时还有母亲的状况、条件、经验等都一并接受了。

孩子们的"返还"（③）则包括情绪、健康状态、成长、变化、生活状况等这些信息。母亲的"接受"（④）包括了孩子们发送过来的信息，同时也有孩子们吃完饭后满足的情绪，由此获得了相应的幸福感。

在一餐饭的时间里，无论平时有没有意识到，关于现实与情绪的大量信息得到了交换。这种交换每天会重复好几次，品尝者则将其作为经验积累。这种情绪的相互交流实际上是培养了孩子们的情操。

随后，这种情绪的交流成为某种数据在身体中不断累积，便成为了他们判断事物的标准。在自己心中生成了决不动摇、不发生变化的"常量（恒数）"。如果没有这些经验的话，是无法拥有这种"常量"的。而一旦没有这一常量，便无从进行比较，也就无法做出判断了。在饮食这个范畴中所谓常量，就是在看到某种食物时，判断其是否能够安心食用、看上去是否好吃、又是什么让食物美味、这个食物的变化大概是因为这些原因引起的吧，等等，针对这些问题进行观察、判断的能力。这并不是靠不断地思考获得的，而是在无意识的瞬间便知晓的。这就是直觉了。

对饭菜进行评价，并不是好吃不好吃这样非黑即白的平面化的事情，而是对食物的性质（包含在食物中各种食物的信息呈现出来的立体的、渐变的东西）在瞬间进行正确的抓取（解读）。当然，常量并不仅仅是针对食物的判断力，同时也是看待别人、事物的好坏差别，区分真实与虚伪的力量，还是培养想象力的主要力量。这是孩子们成长为大人的时候，作为其生存能力表现出来的。对他们而言，这是美好回忆的同时，也是将来要不断重复地进行正确判断的基础。

依据这种膳食的体验，养成自身的自我认知，获得让人幸福的能力。同时，这也是让自己变得幸福的力量。

所谓"保持标准"

　　保持判断的标准，也是关注过往的体验与新的初体验之间的差别。

　　餐馆的工作其实就是让顾客开心这件事。在每个节气到来之前，抢先一步取得最早一批当季食材，加入到菜单中，将四季更迭的信息传达给顾客。另外，随着天气转暖，泽庵萝卜的切法也要随之改变。沿着纤维竖切的话，咀嚼起来口感更好，让人有当季的清新感觉。将宴席的房间改为适合夏季的装饰，挂上新的画，建筑本身做些小小的修缮，等等，都是在传达换季的信息。顾客若能注意到这些细小的变化，对餐馆而言就是非常开心的事情。更何况如果受到赞扬，那就更开心了。对于注意到这些细节的顾客，便会想着"那个人真是了不起呢"，生出一份尊敬之情。

另一方面，对于顾客而言，自己能够发现这些小细节，而不是被告知，那就如同突然闪现的灵光，他自己也会感觉到心房倏然打开，非常开心。能够闪现这种灵光的人可以称之为"因物而喜之人"。工作的时候，最让人欣喜的便是人们感到开心。那些会感到开心的人们，其实就是给予理解的人，就会希望让这些给予理解的人买到真正的好东西。因物而喜之人，自己应该也有所察觉吧，无论他们去到哪里都会获得更多。

所谓因物而喜，就是能够获得感动，获得幸福，能够体察别人的热情与善意，是能够感受到爱的能力。接受别人为自己做的料理，这种体验每天会重复三次，同时也接收到满满的爱。也许是理所当然的，正因为接收到这样无偿的爱，才能够同样给予他人关爱。这正是爱的接力，是清水博先生说的"与赠循环"。清水先生是这样论述的：人们经常说的"赠与"是留下自己的名，同时寻求抵押的行为。相对的，"与赠"则是不留名地将东西给予他人。其中本质性的问题在于人们为自己以外的他人做些什么。这种给予又会引发新的给予，渐渐地，这种循环又会回到自己身上。（在茶道中招待客人时的茶事料理"茶怀石"这种理想的和食，装盛好的菜肴中，人这一要素是必须被消除的。）

人们是以自己的五感与经验相互对应，来判断食物的好坏，再进一步从菜肴中获得快乐和各种各样的感情。这是在用五感体会菜肴以外，认知到在饭菜的背景中的信息，对其进行判断，体味其中的快乐。如果在饭菜的背景中蕴含的信息为零，无论是煮饭人还是食材都无从得知，吃了这样未知的东西，要说人们是否能从中感觉到美味，我认为大部分的人是无法有任何感觉的。

对于曾经品尝过的食物，特别是留下美好印象的那些，人们已经掌握了充分的信息。此时，人们会发动自己的五感，在品尝之前就带着"这是美食"这样的心情。还有的则会想"今天好像有点硬"，或者想着季节性"好像还没到这个时节吧，不知道味道如何"等，人们便是这样与自己的标准相对应，在经验范畴内，时不时地带着疑问品尝食物。

不过，人们并不是像我写文章一般，按顺序想着这些问题品尝食物的，这些全都是在一瞬间无意识地用自己整个身体进行判断的，并且这种预判可以说是绝对正确的，不是某种假设，而是确信。即便从道理上无法完全说明，但这种判断是不会错的。因为根据诸多日常的饮食经验，已经在自己内心拥有了明确的标准。而如果与超出自己判断标准的绝佳之物相遇的话，人们便会感激、感动。如果有违预想的话，当然是遗憾的，不过这也让人在思考"为什么会这样"之后，能够拥有更为纤细的感受性。这便是将知识与经验相互结合，让智慧发挥作用的时刻。自己独自地观察、发现这事本身便是无可替换的快乐。

假设这里有一只饭碗。在过往的经验中，这个碗对自己毫无价值可言。将碗放在手中仔细端详，也不会有什么特别的想法。然而，如果自己特别尊敬或者信赖的人告知"这个碗是非常好的"，在此之前毫无感觉的这个碗倏忽之间就变得非常有魅力。不知道大家有没有这样的经历。在自己尚不成熟的时候所经历的事情，即便只是慢慢地积累起来，也会让人能够拥有判断事物的标准。

孩子们从小看着父母"好吃、好吃"地开心吃饭的样子长大的话，即便小时候觉得不喜欢、不想吃的东西，总会在某个时候开始喜欢上这些食物。对于孩子们来说，食物便是所有，真的能够从中学习、掌握，并使之成为自己的生存能力。

因此，那些在儿童时期便很好地对待这种体验的人们，一定自然地便拥有这种判断力。父母传达给孩子的信息具有非常重大的价值，因此对于导向经济活动的廉价信息或者诱惑，也不会产生动摇。这正是因为拥有了这种判断所有事物的能力。

所有的事情，其基本是最重要的。如果没有掌握基本，什么也做不了。将自己吃的食物委以陌生人的话，不能对信息囫囵吞枣地接收，而要发出疑问，辨别善恶，必须要对食物进行挑选。仅仅是"美味的食物"这一判断标准的话，并不是必然能够挑选到优良的食品，还要对食品的信息进行调查，由此对食品的好坏进行判断。优良食品的必要条件在于不会对环境产生不良影响，对生产者和消费者双方都是有益的，并且与大自然一样是可循环、可持续的。优良食品是绝不会对人们造成伤害的，是维持生命的食品。

在现代社会中，越来越多的人对于出现在大众面前的信息，多少抱持着怀疑的态度，质疑信息是否真实、质疑所谓的权威。或许，也有人会认为吃的东西也不是什么大事，而不会去深思熟虑地考虑吃这件事。他们认为吃饭是太过于惯常的事情，不需要平日里总是对其有所顾虑，或者对这种小事情无需关注。其实这里恰恰存在一个陷阱。对于自己的饮食应该关注到什么程度，关于这一点每个人的想法都不同，但是只要稍稍有所意识，一点点累积下来，在未来发生的各种情况中，一定会产生不同的结果。

美味的原点

和食的美味需要用视觉、听觉、触觉、嗅觉、
味觉这五感共同体味，
并将感受到的东西转变为某种特定的意识。

和食的感性高于思考

二〇一三年十二月，和食（日本传统食文化）被列入联合国教科文组织的世界非物质文化遗产。列入的理由在于，它是以日本丰富的自然环境为背景的。

· 尊重食材原有的味道（享受时令的快乐）

· 营养均衡、优质健康的饮食生活（少用动物性油脂）

· 与日常生活中的节庆活动紧密结合（传统节日的寿司饭及年节菜）

· 表现自然更迭（优美的菜肴摆盘）

而这些因素恰恰也是攸关日本国民的健康与生活情调的家庭料理的要素。尽管如此，各个媒体却只会把麦克风递给那些著名的和食料理家。为什么不去那些打造着日本家庭料理的奶奶、妈妈们那里采访呢？

在日本，在生活中对大自然的恩惠心怀感激、擅长料理的人还有很多很多。希望大家能够向他们传达："奶奶烧的菜被列入非物质文化遗产了。很棒吧？真好。祝贺！"学校的老师也要教育学生们，奶奶、妈妈的家庭料理得到世界的认可，一定要珍惜并且向他们传达这其中的意义。

通过代代相传，承担着生活文化的这些日本女性的家务劳动却并没有得到社会的尊重，也并没有获得相应的褒奖。对于这一点，我感到非常遗憾。之所以和食被列为世界非物质文化遗产，一个重要的前提便是"尊重自然"。在季节更替的过程中，充分享受特定的滋味。（最近尽管很难这样说）无法脱离旬（季节性）生活的只有日本人、野鸟和野兽了。这样说虽然也有些夸张，但是考虑到日本人享受旬的范围、细致程度、深厚程度的话，倒并非是旬假话。特别是将旬分为"走物（首批当季食物）""盛物（最美味的当季食物）""名残（进入尾声的当季食物）"这三种，用身体的五感来感受这些与自己相遇的生命的初始与终结，并有意识地将这些感受进行表达。顺应着所有季节，这是和食所具有的一种感性，是以一种富有情趣的方式，让我们察觉自己体内所拥有的

秩序与大自然相连接的状态。

这种富有情趣的东西，是在静谧处呈现的。如果对烹饪过程中微小的变化仔细观察，声音、颜色、气味、感觉等等会悄无声息地传达给我们。食材这种绝不会违背自然之物，会顺应着自然一般（非强制、没有丝毫勉强）自我发展，生成没有杂味的美味。不伤害食材，意味着能够感受到食材处于良好状态时的"表情"。在清澄、美丽得让人感到心情舒畅的时候，便有着正确的领悟。只要沉静下来，在烹饪的过程中，会有好几次豁然开朗的瞬间出现。请把烹饪中感到"真好啊"时的心境作为烹饪"路途"上的标识吧。

即便是与世界上其他地方的菜肴相比，和食也还是独特的。这是因为无论是烹饪的这一方，还是用餐的这一方，都并非将美味作为唯一的追求。也就是说，让大脑快乐的带有刺激感的美味，与让全身每一个细胞都感到快乐的美味是被区分开来体会的。前者的美味，就如同肉类脂肪一般容易明白，无需多言。而后者的美味，则如同将当季菜烧煮后去除浮沫静置时感受到的东西，而非思考得来的。和食的美味需要用视觉、听觉、触觉、嗅觉、味觉这五感共同体味，并将感受到的东西转变为某种特定的意识。

就像是人们所说的"用眼睛吃",在看到料理时用双眼便能判断美味与否,这便是和食。这并不意味着和食就要装饰得很漂亮,而是在动员眼、耳、肌、鼻、口对美味进行感受时,与吃直接关联的口以外的感觉,则让眼睛成为一种代表。我们磨炼自己的五感使其变得更为敏锐,便是想要了解饭菜的素材本身。

茶道的料理等,恰恰是使用五感体味极致的机会。那是集中注意力品尝菜肴、非日常性的场域(为了与亵加以区分,也可以称此为晴的场域)。一汁一菜这种日常饮食与茶道料理的区别在于茶道料理不会将各种菜混合成一道菜,而是要让人们品尝各自的味道。在茶道料理中单单米饭就分为"尚未蒸透的米饭""完全煮熟的米饭""锅巴汤"这三道,也可以称之为米饭的人生,并与"走物""盛物""名残"这个时间阶段相结合,分三次奉给客人。

在日常饮食中,米饭从一开始便摆上桌,人们交替着吃菜、喝汤以配饭,或者一起吃(这在日本人的吃饭方式中被称为"口中调味")。

不过,就算是在日常饮食中,也能够运用五感品尝微妙的滋味。完全与米饭不搭的配菜,也会时不时地根据四季时节当作日常的小情趣被端上桌。春天，用淡汤烧煮的竹笋、色泽鲜翠的豌豆青煮；夏天，清爽滑润的莼菜；秋天，风雅趣致的土瓶蒸（以陶土茶壶为容器的蒸菜）；冬天，让人身心俱暖的汤豆腐，我们也可以将其视为"日常中的高贵性"，是日本家庭料理的另一面。

也就是说，日本人凝聚了五感品尝的应该是亵与晴这两方面。以此为由，在这里我想要以晴这个场域为例，一一说明极致的五感体验（视觉、听觉、触觉、嗅觉、味觉）。而这种体验在亵的餐食中，则体现为日常的高贵性。

[视觉]

我们经常会说"被风吹过的刺身是不能吃的"，因为新鲜度已经有所损失，这是眼睛看得见的。豆腐是白色且有着清晰的棱角，在圆碟中放入正方形的豆腐，只要再加上些小葱和生姜，便能打造清爽美丽的景色。

我们究竟是在看什么呢？说到人的时候，我们也会说"样子很好的人""姿态很好的人"，但这并不只是说外观的漂亮而已。能够映射出人们内心的动作、语言等都包含在内。同样的，当我们在品尝前，从菜肴或食材的表面便已经开始看到美味了。运用以往的经验，能够看见眼前呈现的料理之外的东西，这便是对美的感受性。从那些没有过度加工、灵活运用食材的和食中便能够看见。

软嫩易碎的豆腐、鲜度上佳的刺身被漂亮地摆盘后，到这一阶段为止的切实工作已经呈现出来。即便是这些不经过烧煮的饭菜，安心、安全已经得到了保证。因为它们外观的美，让人觉得可以信赖。另外，即便是用完全相同的材料制作而成的高级点心，制作成能够展现季节风情的造型，会让那个印象更为鲜明强烈，甚至会使人们感受到的味道发生改变。

[听觉]

首先，试想一下烹饪时的声音。从厨房传来的声音，是好吃的东西做好的声音。因此，只要听到这样的声音，人们就会感到幸福。烹饪时那些好听的声音，意味着酝酿出美食的适当的温度。相反的，让人觉得异样的声音，便让人能够预测杂味、烧焦等失败。例如，在平底锅中打入鸡蛋的时候，如果锅子的温度恰到好处，会发出非常温和的"刺啦"声。这是鸡蛋能够炒得松软的声音。如果温度过高，出现刺耳的"喳"声，鸡蛋就会烤煳，味道不好，如果是铁锅的话，还会粘锅（再者，让人不愉快的声音意味着发生了强烈的化学变化，或许会产生对人体有害的毒素）。

厨房里美味的声音有很多。在陶制研钵中放入炒香的芝麻，用坚硬的花椒树木头制成的研磨棒进行研磨，会发出非常好听的声音。地炉中用铁壶烧水的声音、煮味噌汤的声音，共同演奏出优美的声响。

茶室或客厅中的美音，则是在静谧之中方能突显的声音。在静悄无声之时，能听见风吹过松叶的声音、虫子的叫声、款待客人时主人恬静优雅的声音、三味线的声音，等等。沉静之时，令人惬意的声音的氛围便会浮现。好的声音与"没有声音"的状态是相对的。

[触觉]

在日语中，拟声词和拟态词是日常生活中经常被用到的。嘎吱嘎吱、噼噼、咯吱咯吱、哧溜哧溜……这些词看上去像是吃东西的时候发出的声音，其实这恰恰是在传达食物的"触感"。日本人对于这些有着微妙不同的刺激感能够在互通的基础上正确地运用象声词来表达。在日本有着各种各样关于触感的乐趣，而无法与之同日而语的则是关于外国料理的触感的乐趣却少之又少。吸溜吸溜吃荞麦面的声音，这是传达了荞麦爽滑地通过喉咙的感觉，是享受触觉所必需的声音。尽管这原本是很惹人厌的吃东西发出的声音，却不仅得到了大家的认可，还觉得格外亲切。

料理的温度也是某种刺激，因此也属于触觉的一种。让人要呼呼地吹的热烫以及几乎让人头疼的冰块的冷飕飕感觉，尽管人们很喜欢这些感觉，但是一旦过度了，味蕾就会完全品尝不到该有的味道。因此，也可以说我们是牺牲了味道，而把触觉放在优先的位置。也许大家会感到很意外，其实日本人对于味蕾所感觉到的味道非常模糊暧昧，几乎完全不在意。

在欧美，原本就没有和食这种对触觉和温度进行玩味的习惯。他们感受美味的温度范围较小，这是因为他们将味觉和嗅觉摆在了优先的位置。处于相对位置的和食则可以说是重视视觉和触觉的料理。

[嗅觉]

我们对于讨厌的臭味会避而远之，而对于香味则会凑近用鼻子闻。关东煮或者荞麦面中高汤的香味可以促进食欲。另外，烹饪过程中的香气也表示好吃的东西做好了。相反的，不新鲜的鱼或者腐烂的东西必然摆脱不了讨厌的臭味。在日语中，表示"气味"的是相同发音的词，但表示好的气味则用"匂"（这个汉字也会用来表示色泽），表示不好的气味时则使用"臭"这个汉字，以示区别。

看着有些异样的食物，会想着"没事吧"，再用气味进行判断。臭味是由空气中浮游的杂菌以及杂菌容易繁殖的环境散发出来的，因此一般散发着臭味的食物是有问题的，没有臭味的话便没问题。也正因如此，有着强烈气味（臭味）的大蒜、韭菜等食材，其气味会长时间地留存下来，在茶道料理中不会使用这类食材。

这也与日本人素来喜爱干净整洁相关，没有什么气味的话，就会感到安心。在没有气味的当下，忽然出现嫩芽、柚子、山葵这些纤细的香气，而这香气如此虚幻，仿佛下一个瞬间便消失一般，这会让日本人觉得是种优美的香气。

[味觉]

在日常饮食中，烤肉的美味和西餐、中国菜浓厚的味道都直接作用于脑，无条件地传达快感，让人们感到美味。这种美味大概也有缓解压力的效果吧。因此，工作疲劳之余，为了犒劳自己，与伙伴们一起吃美食的快乐，在现代生活中也可以将其看作"晴"之日吧。

这种美味让人比较容易明白，谁都能体会，而存在于和食的美味中的味觉，则需要完全不同的方式才能体会。另外，这也是日本人拥有的特别的感受性（和食的感性）。

充分运用素材，是和食的理想状态。要说那种经过锤炼的美味究竟存在于何处，那便要撇去浮沫、让汤变得干净，除去杂味，美味便在于食材呈现出的核心部分。将糙米研磨成白米，在制作精酿酒的时候要对米进行深层的研磨，这些都是从这个想法延伸而来的做法。当食材仍有杂味和杂臭的时候，是无法感受到微妙而纤细的美味（或者美臭）的。

将鱼用水洗净（鱼鳞、鱼鳃、内脏、血等全都去除，并将水分擦干后才是完全洗净），蔬菜则要剥去外皮。那些内脏、外皮中尽管也具有浓厚的味道和营养价值，但是也同样存在杂味、杂臭、有毒物质。将这些全都去除后，只吃洁净的部位，是和食的感性。

在中国和欧洲，猪的内脏和血全都不会浪费，加工成香肠食用。但是在日本，基本上只吃肌肉，而且鱼头和鱼骨也不会在晴的料理中使用，只会在亵的料理中作为食材。在追求极致的洁净食材的同时，也将不需要的东西丢弃。"节约"作为日本的核心而得到世界好评，然而事实上有很多让人吃惊的"浪费"行为同样出自日本人之手。净与不净的区别、在清澄之物与非清澄之物之间发现秽物，像这种对于所有事物都抱持着对立性的观念，已经深深植根于日本人心中。耀眼光芒同时也制造了深邃的黑暗。在万物中寻求非同一般的纯洁，其结果便是黑暗的出现，在无意识的状态下感受到这种极端的两面性存在于事物的表里，并作为一种无意识的行为，理所当然地让这两方面共同存在。

在和食的烹调过程中，会尽力避免浑浊的状态，漂亮地做好澄净的工作是非常重要的。事情发展顺利，我们会说"完成（澄）了"，而没能做好的时候，则会道歉说"没做成（澄）"。在大家一起享用锅物料理时，就像是约定好一般，一定会有某个人负责去除锅中的浮沫。这成为了祛毒、排毒的过程。尽管"一物全体"的饮食观念倡导人们为了健康应该完整地食用营养价值高的食物，不过为了防止生病而拒绝易对身体造成损害的食物入口的健康法则，应该可以说是和食料理的烹饪中原本就具备的法则。因此，按照和食料理的技术正确进行烹饪的食物，杂菌少并且难吃的风险程度也很低。这是与现代的卫生管理理论及技术相重合的，并且也是与健康相关联的。在学习新的科学之前，日本人就已经将这些技术转化为习惯并身体力行。

将食材中隐藏着的本质通过去除浮沫的动作，使其变得更清晰突显，这是日本人最喜爱的美味的表现。因此，那些描述和食的用语包括切味（余味干净）、清爽（无杂味）、清淡（不浓重）等等，会经常听到人们提及。

从一块完整的木头开始雕刻佛像被称为减法式的雕刻，而用黏土进行堆叠制作则被称为加法式的雕刻。这么说来，和食便是减法式的料理。去除浮沫的做法，有时候也会损失相应的味道和营养，但还是喜欢这种无味化的做法，尽管无法做到完全消除。而之所以推崇清澈的高汤，是针对无味化之后的料理，对鲜味进行相应的补充。味蕾感受到的味道倘若不完整的话，便用"眼睛吃"的视觉、触觉来进行补充，使其变得充分。

绳文人的菜肴

大约七百万年前，我们的祖先完成了直立行走的进化过程，解放了双手，并由此告别类人猿阶段。大约三百万年前，石头成为最早的工具，人们手拿石头将肉碾碎弄软后食用。一百六十万年前，人们开始制作石器等武器，并相互合作来猎取野兽。然后大约八十万年前，人们开始学会了用火。

有了火，夜晚也可以变得明亮、温暖，让人们能够克服寒冷的天气条件，也让凶猛的野兽不敢靠近。因此，如今我们只要看到燃烧的火焰，不知为什么便会平静下来，感到安心。在火里放入肉块的话，便会发出"哧哧"的烤肉声，肉块香气四溢，也会变得柔软易于咀嚼咬碎。

当人们学会制作陶器后，便能够用炒（煎）、煮、蒸等方式加热食物，在那之前不能吃的植物、果实才开始被人类食用。将食材切小、弄碎，再经过加热，人们不再需要像类人猿一般通过长时间的咀嚼来吃东西，而是获得了易于吞咽及消化的食物。哈佛大学教授、生物人类学家理查德·兰厄姆便在著作《火的恩赐》（*Catching Fire: How Cooking Made Us Human*）中论述道："人类是因为烹饪而成为人类的。"他用烹饪这一行为解释了从黑猩猩和大猩猩等类人猿向人类进化的过程。通过烹饪食物变得柔软，因此便不再需要为了咬碎硬物而存在的宽大下颚，渐渐发展出流畅的脸部线条。容易消化的食物也让较大的消化器官无用武之地，于是原本的大肚子也渐渐消退，进化为灵巧的身体。因为烹饪，祖先开始拥有了接近人类的外形。

在进食和消化上所用的时间也由于烹饪技术的掌握而大大缩短，人类首次开始拥有闲暇时间。另外，用于消化的能量也富余出来，这些能量供给给大脑后，大脑体积变大，开始追求知识的增长。原本，人类与其他动物相比，运动能力比较差，力量小且奔跑速度慢。但是，更为发达的大脑能够使用语言，与同伴进行交流，并通过相互协作保护自身，由此转变为一股强大的力量，使人类成为了最高等的地球生物。

在约一万五千年前的绳文陶器中发现留有烹饪的痕

迹[4]。考古发现这些陶器是由女性制作而成，可以推测这些女性便是使用这些陶器烹制食物的。绳文时代的女性会去往邻近的大海、河流及山野中寻找可以吃的东西。春天，她们赶海拾贝、采集竹笋等山菜；夏天摘果子及秋天捡树上掉落的果实、采蘑菇、挖芋头。力气大且有着旺盛好奇心的男人们则组成团体，互相用语言交流，出海或进入深山去往更远的地方狩猎。当他们带着猎物回来时，便会剥去猎物的皮，丝毫不浪费地处理猎物，并且感谢大自然的恩惠，将烤好的肉与伙伴和家人分享。

根据考古学家小林达雄先生的研究，绳文文化持续了一万多年，原因便在于采食四季不同的多样食材，免于遭受饥饿的风险。在我的想象中，女性将采集而来的食材清洗干净后，放入烧开水的陶器中。神圣的使用火的工作（料理）是用"魔法工具（绳文陶器）"来进行的。要将一直以来不能吃的东西变得能吃，可想而知是件多么艰难的事情。在那个情况下，要做出好吃的食物简直犹如神造般不可思议。然后再把温热可口的汤汁小心地

4　世界上最古老的陶器是发掘于中国湖南省的约一万八千年前的陶器。日本青森县大平山出土有约一万六千年前的绳文陶器。在一万五千年前，陶器已经在日本列岛广泛传播。

分别盛给每一个家人。

用锅子做菜的一大特征便在于少量的肉便能喂饱很多人的肚子，让他们的身体变得暖和。将捕获的猎物的肉放在火上烤，与用锅炖煮是截然不同的。炖煮之物可以让很多人都吃到，而烤肉便无法实现。从这个意义上来讲，烤肉是奢侈的料理，因此在西方即便是现在也是最好的款待，就像是嘉年华料理一般。另外，在法国，无论是在家里还是餐馆厨房的伙食，或者学校的食堂都会做暖暖的蔬菜汤。对他们而言，这种蔬菜汤无比重要，是让他们放松的菜肴。在西方人家里招待客人时，现在依然是由父亲切分烤肉，由母亲使用锅子制作温暖的汤羹。父母各自负责相应的饭菜。

我们的祖先在超过一万年以前的远古时代，便开始使用陶制的锅子制作锅料理。直到现在，日本人到了冬天就是喜欢吃锅料理。而且，对于吃得干净漂亮，也会有很严格的要求。这大概是因为从很久以前就奉行锅料理了吧。在和食中，汤和锅是要加以区分的，在我看来应该是分为"亵之汤"和"晴之锅"吧。我曾经看过对当时的绳文陶器进行复原，并再现当时的用餐情况，他们将食材一股脑全都倒在锅中炖煮，但我觉得这是错误的认知。我认为当时的人们一定是充满敬意地将采集而来的食材一个个分别烹饪的。身处现代、为了寻求美味而烹饪的我们会认为这样做是为了尽量发挥食材原本的味道，而他们这么做只是因为非常珍惜这些食材。未将食材全都混杂在一起的结果，其实是与美味相关联的。否则的话，现如今精致的日本料理应该不会出现吧。在我看来，我们现在的菜肴很难说是随着时代发展而经过不断的精炼，毋宁说这些菜肴从一开始便是精致的。

日本料理并非因应人类科技进步而诞生的。老天爷创造的食材全都有神灵栖息，绝不可马马虎虎地对待处理。他们就好像是在神灵面前，洗净双手，用洁净的手触碰这些食材，完成一道道料理。食文化是抱着对气候风土以及大自然的敬畏之心，感受神灵的同时诞生的。

那是个对好吃或难吃不加区分的时代[5]。像这样处理食材的方式，经过数年之后，这种做法本身便会渐渐地显现出效果，再一点点以美味为基准，在这基础上叠加各种匠心进行打造。不过，这种不断叠加上去的匠心是非常慎重的，未来也理应如此。

5 发起民艺运动的柳宗悦为了说明在侘茶中所使用的井户茶碗之美，引用佛教中"无有好丑愿"的说法，解释其为"无美丑之物"。

像日本料理中这样将洗净双手摆在第一位的烹调方式，在周边国家甚至是世界上的其他国家都没有。尽管人们经常说日本所有的学问都是外来的，这种饮食文化却是日本独有的，是日本这片土地上原本就存在的。这是在人们从大陆将文学、学问、种稻技术、铁器等强大的文明带到这个弧岛来之前，便已在这里发芽生长的文明[6]。

6 在《二重言语国家·日本》（石川九杨著/日本放送出版协会）一书中提及，意指古代的岛国——日本。

所谓"纯洁"

　　在这个位处东亚的弧岛生活的人们，抱着对大自然的敬畏之心，通过祭奠八百万神与神灵相通，没有抵触之心地相信并亲近自然，谦卑谨慎地生活至今。根据三世纪末期《魏志·倭人传》中的记载，商人们记录下彼时生活在日本列岛的倭人的习俗和风土时，其中包含了"彬彬有礼且心地纯洁的人们"等形容。

　　自那以后随着时代变迁，尽管纷争四起，但绳文人心中的信念，仍然留存在如今我们的身体中。绳文时代没有文字，因此并没有留存下相应的文献等，但是我还是想要列举一些从绳文时代流传至今的习惯。

　　回家后洗手、烹饪前洗手、吃饭前洗手。脱鞋后进到家中的习惯亦是如此，这是从外面到屋内，也就是进入供奉神灵的家中时的"规范"。

　　在饭菜和人之间，将筷子横过来摆放，这是在自然与人类，也就是在老天爷创造的恩惠与人类之间设置的结界。我们用"开动了（感谢赐予）"这一语言解开结界，才能开始享用饭菜。

将饭碗或汤碗端在手中用餐，这应该也是在水稻耕种之前，也就是绳文时代便已养成的习惯吧。筷子是在飞鸟时代与汤匙一起从中国流传过来的，但日本人却不用汤匙，只接收了筷子的用法。这也是由于我们习惯于将汤碗捧于手中，直接喝汤的关系。

类似于这些将筷子横过来摆放、将饭碗或汤碗捧在手中用餐的习惯，是日本人独有的。另外，在烹饪过程中，去除浮沫，对清澄汤汁的崇尚，以及将锅料理中的食材一个个放入并享用刚刚煮沸时的美味，这些都是和食才有的饮食方式。

"刺身"和"生鱼"是不同的。我们并不是仅仅因为新鲜才食用的。捕到鱼后，要像对待宝物一般，除去内脏和鱼鳞，用水洗净，再将水分拭干。沿着鱼背骨，将鱼身按照左身、中骨、右身均等切开（在日本称为"三枚卸"）。换成切片刀，将鱼身切成漂亮的鱼片，然后像是绘制风景一般进行摆盘。在进行这每一个步骤时同样会设置一个结界，那就是惯常地将工作台面整理干净再进入下一道工序。因为人们并没有将鱼仅仅看作是一种食材而已。

在日语中，对应烹饪这个行为的汉字是"作"，而不是"造"。"造"这个字主要用在日本酒或味噌的酿造等等通常人类无法自己制造出来的事情上。然而，只有在刺身料理中却使用了"造"这个汉字。其意义便在于刺身这道菜中，人们将鱼当作神灵信仰，它们的灵魂归去后留下了鱼肉作为给予人类的恩赐，这是古代人的信仰。阿依努人的"送熊"仪式也留存下来，以表达他们对于熊的信仰。

对我们而言，贝壳是食物残渣，会当作垃圾扔掉，而对以前的人而言，这些贝壳应该送往贝冢，这里是贝壳赋予我们恩赐之后，魂灵回归之所。

像这种从绳文时代开始延续至今的秉性，现在则以"喜爱干净、整洁""可惜"等感性的形式留存下来。从远古时代一直保留至今的"界限"，也可以称之为"有始有终"，这也是在某个节点将场所整理干净，回复到整洁的状态后再做新的事情。这种习俗直到今天还作为习惯行为保留，这才能做出其他国家几乎难以做到的正确的东西。制作出漂亮的东西，绝不是完全仰赖于手指灵活熟练的程度。

我们在日常生活中频繁使用"漂亮"这个词，而这个词不仅有美丽的意思，还包含了洁净的意思，还有对于认真完成的工作也会说"干得漂亮"。没有谎言的"真实"、不夹杂算计的"善良"、没有杂念的"美"，这是人类理想中最好的状态。

和食初始化

应该吃什么？能够吃什么？想要吃什么？

滋养心灵的时间

　　我出生于一九五七年，小时候，走在街上就能闻到从各家飘出来的准备晚饭的味道。那个时候，家庭主妇每天在家做饭是理所当然的。某一天，妈妈出门买菜晚了，一边快步朝着市场走着，一边说道"下午才出门买菜太丢人了"。从市场一回来，便到水井边打水洗菜，洗完菜后放入竹篓滤水，再盖上布巾。在吃饭前利落地煮好。打开冰箱，几乎什么都没有，因为那时候还没有买回食材存放的习惯。叫外卖吃也是让人觉得有些罪恶感的事情。因此从做生意的亲戚家叫个外卖乌冬面吃，是极少有的事情，不免让人兴奋。

　　做饭是女性的工作，尽管父亲（土井胜）是料理研究家，却从未见他买菜，类似于买了白萝卜回家这样的画面从未出现过。小学的时候，我还曾经因为父亲是料理老师而被嘲笑过。在那个"男子远庖厨"的时代，即便是我父亲也出于男人的尊严很少进厨房做饭。

家门前的路并未铺修完成，下雨天便会积水。因为很少有车经过，便经常在家门口的路上练习抛接球。到了放学时候，附近各家那些差不多年纪的孩子们便会聚集在一起。孩子们回到家就放下书包立刻出门玩耍了，孩子们的游乐园就是家门口。

就好像是圈地盘一般，孩子们会给这些空地取个名字，在那里捉迷藏或者玩老鹰捉小鸡。或者是戴着南海老鹰、阪神老虎这些自己支持的球队的棒球帽，打橡胶球的三角棒球，在沙地上练习相扑或者格斗术。女孩子们则多是跳橡皮筋。尽情玩耍后，孩子们才会觉得很满足，便回家泡澡。泡完澡后，干净清爽地吃晚饭，这样的晚饭是非常美味的。昭和三十年间，电视还是黑白画面。

从那时候开始，我们家开始陆陆续续出现一些西洋的、当时还很稀少的东西。早餐桌上有时候会出现烤面包和牛奶红茶、煎芝士蛋卷、半个西柚，还有爽脆的生菜做成的色拉撒上盐吃。圣诞节的蛋糕从白脱奶油变为鲜奶油的时候，我就觉得居然还有这么美味的东西。中学一年级的时候外出旅游，在住宿的酒店里第一次吃到蘸了塔塔酱的炸虾，到现在还记得当时开心的感觉。

尽管新的东西层出不穷，但生活的基本饮食还是和食。即便我父亲是料理研究家，也几乎都是和食为主。也正因为是这样，使用黄油烹制而成的肉类料理因其稀有而让人觉得开心，现在还记得当时的感觉。

那个时候，生活远远没有现在富足，但却是一段安稳幸福的时光。大概只有经历了那样的孩童时代，才能够养成日本式的感受性。

在玄关处脱下的鞋子必须摆放整齐。回到家后自然要洗手，弄脏的脚也要洗。要说"开动了""我吃饱了"。要坐直身体吃饭。厨房用布巾与擦碗用布巾要区别开来。左手端饭碗、右手拿筷子，要记住左右的位置。手肘不能上到餐桌。就算姿势不好看也"不能驼背"。配菜要分装在每个人的小盘中。不剩一粒饭。需要添饭时应该双手捧碗。吃完后在饭碗中倒入少许茶水。一家围坐开心吃饭的过程，会有很多这样的规矩。

每年，人们都会期待着春天到来，追逐樱花的踪影；到了深秋便会注意到红叶的变化。此时，鳜鱼已经开始产卵。熊蝉叫声聒耳。嘴上说着"秋天的虫子开始叫了呢"，就这样总是看着、听着季节转换的这一瞬间。令人期待的郊游之前，总是担心天气状况，便做了晴天娃娃，

带上妈妈亲手做的便当出门。

食材的季度则是在身边目之所及。在蔬菜店里看到番茄，就会开心地想"快要放暑假了"。说到夏天的垃圾，西瓜绿色的皮和红色果肉是最醒目的，这是季节转换之际，刚出第一批的时候便想要买的水果。秋天学校运动会的时候，最早的青橘子尽管还很酸，但很好吃。别人赠送的点心，一定要先放在神龛前供奉祖先或佛祖。感冒的时候，白粥配梅干一定会替换掉原先的三餐。水煮的菠菜用竹卷帘卷过后，放入小钵中，洒上研磨出油的芝麻和酱油，如果这还不行的话，最后再放上些红生姜和柚子，加以点缀。

日本人的美感

　　傍晚时分，一听到叮当叮当的敲钟声，便会拿着盆出门买豆腐。豆腐放在干净的水里，棱角分明。夏天做成冷豆腐，冬天则做成汤豆腐。每个妈妈都很厉害地将豆腐平放在手上切成小块，再放入锅里并溶开味噌。准备吃寿司的那一天，会在清澈的高汤中放入切成骰子大小的豆腐，并放入一些三叶草浮在表面，做成日式清汤来搭配。只要是将汤汁进行滤清做成清汤，那天就一定是个特别的日子。

　　在豆腐店里，要是角有些塌的豆腐就不能卖了。要是缺了一角的话，连半价都卖不出去。因此，以前还有这样的人情落语，描述有些豆腐店的店主如果看到穷人家的孩子来买豆腐，便会故意把角弄塌，说是卖不成了，让孩子带回家。以前还有骂人的话是"用豆腐的角撞脑袋撞死算了吧"。对于我们而言，豆腐的角自有其意味的。

吃的时候，其实角的形状跟味道完全无关，但会非常重视豆腐这种正方形带来的美。日本人便是有这样的美感。

　　一块豆腐切一半正好是完整的正方形，放在圆形的容器中就很漂亮。斜着切的话，就会变成漂亮的三角形，将半块豆腐切成四份的话，就会变成煮汤豆腐时"奴豆腐"的大小。现在销售的豆腐全都装在包装盒内，也不知道什么时候形状也变了，切一半的话不是正方形，翻过盒子把豆腐倒出来的时候，还会留有包装盒的印子。在包装盒中豆腐的角就算塌了，也照样能卖，美感的基准没有了。人们只是根据保质期和包装盒有没有损毁，来判断这盒豆腐有没有问题。就这样，一个接着一个，美丽的事物就这样渐渐消失。

　　我孩童时代那个时期的日本，在日常生活中隐藏着许多附有界限的日本式的作风。即便贫苦，人们也非常努力地生活着，这成为了日本制造性能优良的产品的基础，从而使日本迈向经济高度增长时期。职人们认为在看不见的地方也要做到完美，是理所当然的，他们明白这种背后的工作最终会体现在表面。面对大地惊雷般的时代骤变时，他们也能够毫无动摇地做出应对，这也是因为在那个时代理解领悟的一切都成为了他们的基准。

每一个人都保持一定的对待事物的方式和判断基准的话，无论看到什么，即便没有操作指南，也能够分辨清楚并作出判断。

跟我一样度过那种孩童时代的人们，或者是现在的年轻人，只要是生活在有着浓烈日本传统的家庭或地方，便可以理解以前的日本和现在的日本。正如本居宣长所说，懂得"物哀"之心是所有日本人与生俱来的。通过自然的变化和洞察世事和人心的所谓大和之心，只有拥有这种心境，才能够感受到日本真正的美。

随着科技发展，新的文明已经诞生，环境也发生了巨大的变化，在这样的现代社会中，我相信每一个年轻人必然从某处继承着感受美的感性之萌芽。

饮食的变化

战后，身材矮小的日本人在与欧美人相比较后，被认为是营养不足。于是，吃更多的面包和牛奶而不是米饭，并在饮食中加入肉类等蛋白质食物，这种想法开始盛行。更甚者，在二十世纪五十年代末期的时候，还出现了"吃米的话会变成傻瓜"这样的米有害论，这些都是我小时候的记忆。

另外，美国则以"为了和平的粮食"的名义，提出为了学校的供给伙食向日本出口援助小麦粉和脱脂奶粉等，之后也有人提出这是美国为了消耗国内剩余的食物采取的贸易策略。由此，日本开始实施"面包与牛奶与点心的完全供给伙食"（一九五〇）直到现在。

另外，从一九五六年开始，高举着改善日本人饮食生活的旗帜，厨房车开始在全国巡回。这项活动也可以称之为"平底锅运动"，在乡村里接受过指导的主妇们则拖着装有液化气罐和工作台的手推车，向人们传播使用油的烹饪方法。当时，即便是富裕的家庭也很少有油炸的菜肴，以此为契机，炒饭、肉糜蛋包饭，先炒后煮的蔬菜等菜肴开始成为一般的家庭菜肴。

那个时代的人们经历了战败后最艰苦的时期后，心中充满了重新振兴的喜悦。为了迎头赶上经济高度增长的时代趋势，每个人都怀抱着梦想努力工作，并且对大型冰箱等美国式生活及其舶来品心怀憧憬，积极地将之纳入自己的生活。

二十世纪六十年代，作为婚前的准备，年轻女性理所当然地需要学习料理，我父亲开设的料理学校的学生人数超过两万人。从当时拍摄的照片可以看到，一张工作台前年轻女性排成一列，跃跃欲试地学习新的菜式，那神采飞扬、笑容满面的样子简直无与伦比。

与现在不同的是，当时的年轻女性是想要将料理的基础作为常识掌握。因此，即便是在谈不上优质的环境中，她们也会对新的料理等知识学习吸收。她们所学习的不仅仅是和食的基本菜式，还包括肉类菜肴的制作、中华料理和西式料理。这样一来，普通家庭的餐桌上也开始出现时尚而富有质感的料理。

如今，当我们询问家人"今天晚上，吃鱼还是吃肉"时，这是想要知道今天晚饭的主角，也就是主菜的选择。这种"主菜""副菜"的思考方式，也是源自于营养学这一世界共通的饮食科学被传播到了日本。

　　从营养学的角度来讲，主菜是肉类、鱼类等为血液和肌肉提供能量的菜肴，是占据主角位置的料理。副菜则是蔬菜等食材，以平衡膳食中的维生素和矿物质的摄取。这样的搭配用一汁一菜、二菜、三菜等自古以来和食的形式来对应的话，便是"主菜和两种副菜（一汁三菜）"这样理想的一餐。

　　相较于文化，优先考虑营养价值而对配菜进行分类，在营养学范畴中简单易懂，但是人类可并不是在吃营养。在日本，原本并没有区分主菜和副菜的习惯，所有菜都是米饭的配菜。要说到在那之前日本家庭料理中什么是纯粹的主菜，也只能想到烤鱼或者冷豆腐（汤豆腐）之类的吧。现在，经常被当作副菜的萝卜干中也会加入油豆腐，或者在味噌汁里面加入味噌和豆腐。尽管这些都算是副菜，也会在其中加入油豆腐和少量肉类这些主菜的食材。土豆炖肉似乎已经成为主菜了，但其实这道菜大部分都是蔬菜，包含了副菜的要素。日本的配菜中，经常会出现具备主菜要素的副菜，以及包含副菜要素的主菜。

然而，当把汉堡作为主菜时，作为副菜的萝卜干和味噌汤中如果没有油豆腐或少量的肉就会让人感觉不好吃，所以还是会放入这些要素。因此，人们经常易于摄取过多的蛋白质和油脂。（现在的料理杂志的菜谱中，对应于读者的需求，会重视营养学理论而附上卡路里计算数值，并固定为肉类主菜和蔬菜类副菜的搭配组合。主菜与副菜的区别也就相应地可以替换为浓厚的配菜、清爽的配菜、大菜小菜等。）

一九五八年，方便面开始面向市场销售。当时，美国和苏联已经开始共同研发太空飞船，因此有种说法是人类未来的食物会发展为像太空食物一般简易的食物。但是，人类的食欲并无法从这样的食物中获得满足，所以不会变成那样。尽管如此，事实上，现在几乎所有的食品都被做成速食或真空包装等便利的商品销售。

因应一九七〇年在大阪举办的世界博览会，日本首家快餐店和家庭餐馆也相继出现，因此这一年被称为"外食产业元年"。从那之后，在经济景气的带动下，餐馆店铺数不断增长，在外用餐也开始逐渐日常化。

日本战后饮食文化的变迁：

一九五〇年（昭和二十五年） 因从美国进口小麦粉增长，开始实施面包与牛奶的完全供给伙食。

一九五六年（昭和三十一年）"营养改善运动"厨房车巡回开启"平底锅运动"（油炒料理开始普及）。

一九五八年（昭和三十三年） 方便面开始销售。

一九六四年（昭和三十九年） 东京奥运会召开。都市美化计划实施。从江户时代延续至此的东京循环型农业（在村镇中集取的尿液等作为肥料施用在农田中，农家的蔬菜则供给给相应的村镇、都市与农村的循环利用模式）开始逐渐消失。

一九六五年左右（昭和四十年） 作为"新娘修炼"的料理学校开始普及。

一九七〇年（昭和四十五年） 大阪世界博览会召开。家庭餐馆一号店开张。

一九七五年期间（昭和五十年） 以大米为主食，配以畜产物等食材保持膳食均衡、健康的"日本型饮食生活"（营养学意义上的均衡饮食）在此期间形成。

另一方面，从那个时期开始出现了各种饮食与健康的问题。

＊生活习惯病的增加（高热量饮食生活引起的肥胖）。

＊大米消费量的减少（大米消费量最高的一九六二年，人均消费量为一年118公斤，到二〇一三年则减少至一半，人均消费量仅为57公斤）。

＊味噌消费量减少（过去，每个家庭会按照"家庭（一人）一斗、客人一斗"作为每年购买味噌的基准。一九六八年人均每年供给量约为7.7公斤，而到了二〇〇八年这个数字减至3.8公斤）。

＊食物自给率低下（以卡路里为计算单位，一九六五年的数据是73%，而二〇一五年的数据仅为39%）。

＊家庭购买面包的支出金额高于大米（二〇一一年）。

应该吃什么？能够吃什么？想要吃什么？

"应该吃什么？"

"能够吃什么？"

"想要吃什么？"

对于这样的三个问题，生活在如今的日本的我们会做出怎样的回答呢？

"该吃什么"的回答是营养价值高、对身体有益的料理。对于"能吃什么"这个问题，回答则是安心、安全的食物。"想吃什么"这个问题，则要根据人们各自的选择，一般来说是烤肉、寿司等吧。不过，之所以没有每天只吃自己想吃的东西，除了经济原因之外，主要还是因为人们明白这样吃的话对身体有害。尽管会用一顿大餐犒劳勤奋工作的自己，或者有人款待吃奢侈的料理会让人高兴，但是这样大吃一顿之后的第二天，人们便会有意识地少吃。如果身体检查的指标不太好的话，医生会对饮食习惯做出指导，也有人会为了减重而采取极端的减肥手段。在现代社会中，每个人都会根据各种各样的情况和自身状况，在相应的时间思考选择吃什么、不吃什么。

如果是自己一个人还相对容易些，要是为了整个家庭进行考量，那就要复杂得多。要考虑每天三餐最适宜的菜单，忽然之间就转变成一种压力。更何况电视、网络等各种媒介都在传播大量的饮食信息，尽管不想听到看到，在社会中生活总是不可能做到，谁都会受到这些信息的影响而有所动摇。而且，这些影响所形成的压力，可以通过吃一顿大餐短暂地消解，大脑会向人们传达这样的信息。因此，对于容易吸收的面包等面粉制品，人们知道吃了这些会让血糖上升、心情变好，于是便会像条件反射一般，看到就会想吃。

这是从什么时候开始变成这样的呢？没有手机的三十年前的时候是怎样的呢？至少五十年前，"该吃什么""能吃什么""想吃什么"这样的问题是不需要思考的。因为这些问题可以用一样东西来解答。原本，经过几个世纪孕育了整个民族生命的饮食中，配菜就已经具

备了"营养价值""安心"和"美味"。

那个时代的食物就只有配菜，也许很多人会想那是因为做得很好，我觉得未必如此，而是因为那时的人们对于饮食考虑得非常明白。

对晴与亵进行区分，对待亵之日常，人们会谨小慎微地将饮食保持在必要的最低限的标准，这样的生活会让身心都感到舒服，这应该是身体能够感知的。战前的大阪人同样如此，对奢与贫的平衡极为用心，在大联盟甚为活跃的棒球选手一郎便是如此。修行僧、备考生也都是如此。

人们在面对世间事物时，如果不这么去思考便会变得柔弱。吃东西这件事经常会给人们带来愉悦，而一旦过度便会损害身体，使人元气大伤。在亵与晴之间设定结界，亲身实践这种平衡、不越界。抱着谦恭的心态，时时告诫自己。

找回和食的原型

环顾家中，不禁会想现如今我们的生活中究竟在哪里依然保留了"日本式"呢？铺设榻榻米的房间变少了，已经不再是坐式生活。在城市里，木头梁柱、土墙、隔扇、让光线变得柔和的拉门、壁龛等等已经几乎看不到了。眼之所见、手之所及，究竟哪里还依然保留着"日本式"呢？

即便如此，我也绝不认为现在的日本人已经完全实行欧美的生活方式了。回家进屋前要脱鞋，这便是在外面的世界与家里的空间之间划分结界。回家后先洗手，吃饭前要洗手。另外，喜爱打扫、想要保持清洁感这一点，便依旧是维持日本人的生活方式的行为。这一行为，伴随着我们对大自然的热爱这一性情，这正是内心的"日本性"让我们拥有的。

对欧美的生活方式心怀憧憬，将身边的物品都替换为欧美风的物品，尽管如此，无法彻底改变的是身为日本人这一事实；另一方面，现代的日本人也正在创造欧美无法模仿的美，即便是科学技术这一范畴，日本人有时也能制造出超越欧美的技术。为何能够做到这样呢？对于这个问题不能简单地回答"因为日本人很优秀"。然而，在我看来至少理由之一应该是"日本人具有感性的发现力"。

所谓情绪，即"物哀"。拥有这种情绪性，便拥有对于日本的四季更迭、自然变化、新生命及老朽的生命，以及人们的心灵产生共鸣的力量。如前所述，理解物哀之心是所有日本人都拥有的，这种理解在其他国家很久以前便已遗失，而只有日本人继承下来，本居宣长便说道：这种物哀之心是古代人的心象。我相信生活在当下的我们同样拥有这种对于物哀的感怀之心。而这种心象又甚为暧昧，以至于大多数人都将其感受为某种"日本性"。

当被问到所谓"日本性"为何时，尽管在日本也有这种哲学研究，但这里的"日本性"应该是老天爷的启示。这是具有绝对性的，从很久以前便被人们当作约定俗成的事情，应该要遵守并不断继承下去的东西。但是如今，我们已经渐渐地在心中摈弃了老天爷的存在，而将那种用语言无法说明的暧昧性看作是日本性，就此不再深究。对于现在的人们而言，除此之外还有很多需要思考、需要学习的东西，而这些东西大多来自国外。

然而，当日本以这些从国外学习掌握的科学为基础进行各种技术开发、直面各种难题并将其解决克服时，在这一过程中真正起作用的是他们所秉持的信念，正是这种信念开启了他们的行为和直觉，使工作得以顺利进展。其结果便是今时今日的进步。在我看来，在这种直觉的启动或者说引导直觉的进程中，存在着情绪性的"日本性"。正如杜氏（指日本酿酒工匠团体，即日本酒窖的监制及最高负责人）酿造美酒一般，我们让"日本性"在科学技术的发展中发挥作用。

从现在开始，依然不想丢失这样美妙而优雅的日本性。那么，究竟如何做才能保有这种日本性呢？我认为首先需要在生活中建立一个维持丰富情感的机制，也可以说是保有生活的基本。而这其中，作为生活要素的三餐中，尤为重要的是保持和食的原型。在我看来，这才是和食一直流传下去的意义所在。同时，这一和食原型与我们的感动之心及身体健康是一致的话，那就更好了。

恰好，在前文提到的《二重言语国家·日本》一书中，书法家石川九杨老师向我们展示了优良的日本人的状态。明治时代的男女毅然坚持的既非"和魂洋才"也非"和魂汉才",而是在"和心·汉魂"的基础上,将包含了西欧思想及文化的"洋才"兼容并收。在这一点上,明治时代的人们的这种"毅然"可以说相当于现代人所持有的"资格"。在"和心·汉魂·洋才"这样一种立体构造的基础上,对日语进行重构,并以此获得论述世界普遍思想的语言,这样的努力是势在必行的。

日本的语言(语句、汉字及片假名)是弧岛式与大陆式两相混合的产物,将这种语言认知为"二重言语",再加上"和心·汉魂",便可以理解掌握作为世界共通观念的哲学,因此必须要掌握新的日本人的语言(言语)。

尽管和食由联合国教科文组织登记为世界非物质文化遗产,这一文化的现状却可以说是面临灭绝的危机,绝不容乐观。为了让和食成为我们身边普遍的存在,并且使其成为我们的骄傲,就必须深刻理解现在的状况,对于暧昧不清的东西进行梳理并用语言传达,努力付诸实践。

对应于《二重言语国家·日本》中的语言,试着思考日本的饮食现状。

"和心·汉魂"中的"和心"便是指利用天然的素材，抱持着谐调的心态，以茶道料理为代表的和食。所谓"汉魂"，则是指将食材混合在一起的寿司饭等晴之料理，另外也可以指日常生活中使用油进行烹饪的中式烹饪法。前者的寿司饭，尽管是将食材不断混合，却也表现出日本式的沉静的态度，或者说不使用油脂或高温加热，突出食材中的主角，并使其与配角食材优美地调和，抱持着"和心"制作完成。后者则是利用中国传来的使用油的烹饪法，但却是抱持着"和心"，将油的用量降至最小限度，使用技巧让食物呈现清爽的口感。然后，所谓"洋才"则并非简单的西式料理，而是指在料理的背景中存在着西洋哲学式的东西。如果没有这样的背景，就会变成单纯的模仿，是一种仿造品。因此，需要充分理解"洋才"中创造的意义。

类似这些，饮食的背景中存在着各种各样的意义，对其漠然处之，或许正是现代日本存在不足的原因之一。

事实上，上述这些烹调方式并非认知日本饮食的全部所在。例如拉面，大家的普遍认知是起源于中国的，但已经是日本人非常熟悉的料理了。饺子和咖喱饭同样如此，这些料理在最初进入日本的时候，我们并没有将这些烹饪技术融入和食中，而只是当作另外一种饮食，就这样接受了。

现在被称为国民食物的拉面，尽管我们并不认为这是和食（在提交联合国教科文组织非物质文化遗产登录时的讨论中，也并没有将拉面放入和食的系统中考虑），然而日本以外的其他国家都已经认为这是日本的东西，并成为他们喜爱的日本料理。拉面是在日本，通过日本人的努力而发展起来的。在日本这样一个权威社会中，在权威没有辐射到的地方，有些东西便作为亚文化开始生长。这是曾经的年轻人们在异文化料理到来之前，便抱持着"和心"发展、竞争，制作完成的。

也就是说，抱持着"和心"进行融合的过程中，或许会展现未来新的和食的样态。在这里需要明白（注意）的是，如果仅仅是按照个人喜好随便做的话，绝对不会有所成就。所谓和食，并不是指那些单纯使用芥末和酱油的食物。同样的，也不能说使用黄油浇上酱汁的料理，便是法国料理。想要做出地地道道的料理，我认为最重要的在于"延续其背景脉络"及"贴近其本质"这两点。

在拉面和漫画这两个领域中，日本人不会意识到等级制度的存在而让心灵自由放飞（等级制度的间隙），所以应该考虑的是在这种场域，才能够诞生具有世界性的东西。

　　在家庭内部并不存在社会等级制度，因此我们没有理由执着于和食，可以自由地选择西式料理、中华料理和咖喱等各式餐饮。日本人已经处在一种无法断言自己"在吃和食"的状态，我想每个家庭都是如此。但是，在承认并面对这种状况的同时，守护和食成为了重要的事情。保持和食那种"活用食材"的本质（观念、思想、哲学），这具有现实性，只要维持一汁一菜这种方式，也是有可能实现的。我相信用一汁一菜这种可持续的和食的形式来体现"日本性"，可以将其留传至未来。

从一汁一菜开始的快乐

眼前的饭菜摆放整齐漂亮的话，

也就自然地会产生端正姿势的感觉。

这是食育的开端。

每日的乐趣

　　每天都吃的食物是白米饭和食材丰富的味噌汤。不知为什么，这样就感觉很丰盛了，只要看到这样的食物便已满足。有个问题是："死之前想要吃什么？"我来回答的话大概会是刚刚煮好的饭，且（可以毫无顾虑地）添饭吃。如果有清爽的味噌汤和好下饭的配菜的话，就已经很好了。再一细想，其实这就是平时的一餐饭啊。

　　首先，漂亮地调整一汁一菜的形态。漂亮地摆成三角形是每天愉快用餐的基本。米饭放在左边，味噌汤放在右边，腌菜放在对面，然后把筷子放在靠近身体的一侧。保持这样的形态或许能够让孩子们拥有良好的礼仪，并且让他们能够用身体领悟吃饭的方法。因此教会他们的第一件事便是将眼前的食物摆放整齐。对大人而言，眼前的饭菜摆放整齐漂亮的话，也就自然地会产生端正姿势的感觉。这是食育的开端。

挑选和使用茶碗的乐趣

　　每天都会触及之物，每天都会看见的物品，应该挑选好的物品。比起招待客人或者正式场合用的那些器物，应该优先重视每天使用的器物。人类会因为器物之美而得到修炼。家庭成员应该各自决定选择自己使用的饭碗或汤碗，我们称之为"属人器"，包括日本在内的一部分东亚国家都保持这样的习惯。这样一来，人们会对自己专用的物品保持强烈的爱惜之情。

　　好的物品对每个人而言都是不同的，请让他们好好地挑选，我总是想着孩子们，便自然地这样写道。不过，父母自己也不能忽视，要好好为了自己进行挑选。记得我上小学的时候，曾经跟妈妈一起去心斋桥的食器店，妈妈让我自己挑选饭碗。我很努力地观察店里的商品，最终选择了大人们用的那种有着祥瑞感觉（有细致描绘的几何形状印花）的汤碗和彩绘的茶碗，妈妈一边说着

"你挑的都是最上等的呢",一边买下给我。以前的茶碗
都是附盖的,盖子翻转过来也可以用作小碟。

　　器物,彼此之间其实全然不同。好的器物会让平淡无奇的炒菜看上去很美味，而茶碗的触感及舒适度、触及嘴巴时的良好感觉都会带给人们舒服的体验。与自己合衬也是很重要的。选择茶碗时，就好像是挑选衣服一般，在镜中看自己端着茶碗的样子，便能明白是否合衬。我认为"像自己的东西"就好。

怎么样？很想要是吗？然而，不要以此为唯一的目标出门购物，要等待与器物的相遇。在心中存有念想，等待的时间也是让人愉快的。流行的物品尽管很有趣，但千万不要因为那些潮流而迷惑。请多看看以前的物品、那些朴素的物品。如果去到民艺馆这样的地方，一定会有所收获。另外，只要内心自由的时候，便会毫不刻意地发现好东西。随着年龄增长，一年一年眼光会变得越来越锐利独到，觉得好的物品也会有所变化。注意自身喜好的变化，也能够客观地看待自己的成长。一年前的自己感觉已经明白的事情，实质上什么都没弄明白呢。明白了这一点的话，就说明你已经成长了。

孩童时期，大人给买的新茶碗，不会立刻拿出来用，而是会一直忍耐，等到新年的时候才拿出来用，对开心的事情有着一段快乐的等待时光。而人类大概不管多大，这种使用新东西的快乐是不会改变的。

发现和观察的乐趣

人类通过烹饪这一行为使吃饭这件事合理化（发现囤积食物、嚼碎、弄碎吞咽、消化、吸收能量、排出），也让人类首次拥有了不同于休息的剩余时间，也就是拥有了"闲暇"。所谓闲暇，便是从劳动中得到解放，自由使用的时间。那么，人类最初获得闲暇的时候，做了些什么呢？我想人类生命的动力源泉如果是爱的话，那么应该不是为了自己，而是为了他人做了些什么吧。

说到闲暇，脑中便会浮现家人欢乐的神情。制作和服；把家里打扫干净；栽培蔬菜；撒播花的种子；去往远处采集树木的果实或熟透的水果。这些都不仅仅是为了生存，而是为了他人的充满善意、滋润心灵的行为。现代生活中，尽管有些行为已经转变成工作，但最初这些都是无偿的行为。人们之所以采取这些行为，都是为了让家人获得喜悦。人们就是享受着自己的行为能够让自己以外的人欢欣雀跃。在这个意义上来讲，现代生活中的我们，是否还拥有古代人所拥有的那种"闲暇"呢？对于现代人而言，闲暇又意味着什么呢？

每天都被做不完的工作追赶着，一直持续着一汁一菜式的三餐。每天都是一汁一菜，一直如此。忙碌的时候，直到完成某个大项目为止都要维持这样的状态，这自然是无可奈何的。因为根本没有闲暇做些特别的料理。尽管当季大自然的恩赐可以通过一汁一菜中配菜的变化体现出来，但是忙碌工作的人们一定连这份闲心也没有吧。

休息日也要工作，所以周末的饭菜还是一汁一菜。这么吃也有减肥的效果，基本上可以保持身体健康，每天为家人准备三餐的人，也没有必要因为家务事而心烦意乱，家里人也能够对此表示理解，大家会将一汁一菜视为当然，久而久之便不会对超过这个范畴的料理有所期待。不过，我想这也挺好的吧。

然而某一天，工作告一段落后回家的路上，心情愉快，便顺路去了趟超市，发现了当季新鲜的秋刀鱼。看着很美味，就想做来吃。如果是秋刀鱼的话，可以在做味噌汤的同时，用烤架烤就好。大家一定也会很开心，家里人的笑脸开始浮现脑中，忽然就变得有些兴致高昂起来。

接着，家里人与平日一样，没有抱着任何期待坐到餐桌边，然后大家同时发现"哇、有烤鱼！"，开心地欢呼。即便没有跟他们说，他们也会因自己发现不同之处而喜悦（我想实际上应该早就闻到了烤鱼的味道吧）。

大概会有人觉得注意到这些是理所当然的，但事实或许并非如此。在实行一汁一菜的料理方式之前，即便有些勉强，也一定要做三四道配菜摆上一桌，并且认为这样做才是关心家里人的做法，但是其实谁都没有过多地关注。因为是每天都吃这么多菜，大家都会觉得这样是理所当然的。而且，做饭的人也会觉得这样做是很普遍的，就应该是这样的。

有闲暇空余的时候，看到一些好吃的东西，想要做这个吃的同时，家里人的脸庞也会浮现在眼前。于是便会非常纯粹地想要看到家人的笑脸（让他们开心）。这既非义务，也不是工作，更不是某种强迫性劳动，而是某种自然又纯粹的行为。在这种情绪中制作料理，便不会感觉到辛苦，而只体会到快乐的感觉。因为工作关系吃到美味料理的时候，每个人都会想着下次也要带家人来尝尝，亦是如此。同样的，外出旅行时，就会想要将眼前的美景分享给喜欢的人。

小时候，父母有事外出，一个人留下看家的时候，会想要让父母开心而努力地做好饭菜，父母回来时还要装作若无其事，内心却有些兴奋地等待着父母注意到自己的努力成果。还会在父母回来前将屋子打扫整理干净，等待他们注意到这些变化。希望得到自己喜欢的人的表扬，想要看到喜欢的人的笑脸，这些都是因为爱的存在。制作料理的这种纯粹的快乐，不是强制性的，而是自由地冒出来的。在这种情绪中制作的料理是特别的。因此，即便不是朝朝暮暮也没关系。不求回报地付出，从这种无偿的爱中才会诞生出普遍的、优美的食文化。

　　在茶道中，主人并不会对招待的取向或意图做任何说明，客人自己若能够有所察知，对主人而言是莫大的欢喜。因此，在主人与客人之间相互照应的心意也被称为"宾主互换"。

　　不仅在茶道中，去友人家中拜访时，进到屋中，看到画、看到鲜花，或者对招待客人的点心和茶的美味，一下子就注意到并用语言表达的话，对主人来说都是很开心的事。即便有说错的地方，只要有那样的用心，便会让主人感到高兴，并会觉得这位客人是个有魅力的人。这便是拥有交际能力的人。

使用膳盘的乐趣

　　一个人吃饭的情况比较多的话，准备个膳盘[7]也挺好的吧。膳盘可以端至家中任何一个角落，整理起来也很方便。无论是和式的，还是西洋式的，有膳盘的地方，便可以将其视为餐桌。

　　之所以推荐大家使用膳盘，是因为膳盘的边沿部分将内与外的场域加以区分，成为了某种结界。碗盘在桌子上摆放会显得散乱，但摆入膳盘中就会显得整齐美观。这样一来，一个人用餐时便会有一定的规制，心情良好，

7　膳盘：为了摆放一人份饭菜而使用的用具。直径三十至四十五厘米，作为一人膳使用。过去还有用带盖的木质盒子盛放饭菜的用具，被称为"箱膳"。收拾归整的时候，便将茶碗、汤碗、碟子、筷子等一并放入，盖上盖子，收纳至柜中。使用的时候，则将盖子翻转，将翻转后的盖子当作膳盘使用。直接放在榻榻米上的膳盘，经常用于茶道料理，被称为"折敷"。这些直接放置在榻榻米上的用具，经过西洋式风格的改变后，也开始被放在桌子上。最早的时候，这些带脚的膳盘，是供奉神明时使用的。

不会变得很散漫。使用膳盘的话，便能够认真对待吃饭这件事，并在其中发现乐趣。

木制的膳盘，如果不是特别脏的话，不需要清洗，用布巾擦拭即可。每每用布巾擦拭后，木制品的韵味便会慢慢呈现出来，因此擦拭磨光这件事也变成了一种乐趣，对这件用品的爱惜之情也会渐渐增强。

膳盘还是器物的舞台，同时也是一汁一菜这幅画作的画框。画框本身无法多次使用，但是膳盘却可以重复多次地用于各种料理。它让料理的场域焕然一新，展示给人们。在膳盘中摆放一汁一菜时，只需稍稍改变形态，便会带来完全不同的感觉。

一家人一起吃饭的时候，若非某些正式场合，一般是不会每个人分别使用膳盘的。以前，普遍使用的是桌袱台（四脚餐桌）。桌袱台平时会收起来放置，吃饭的时候才拿出来，作为用来摆放茶碗的圆形桌子。日常三餐的时候，这张桌袱台便是所有家庭成员的膳盘。也因为这样的传统，现在我们吃饭的时候，将平时使用的桌子当作餐桌的话，就一定要收拾得干净整洁再摆上饭碗，否则就会觉得不舒服。

一个人吃饭的时候，即便不收拾餐桌上的书本或工作的资料，只要使用膳盘的话，便能以正确的姿态用餐。家人一起吃饭的时候，不用膳盘的话，也可以特意地选用那些轻便可折叠的餐垫来调整心情。

享受季节的乐趣

酒原本是"晴之日"才得以赐饮的。喝点酒，心情变得更愉悦的时候，才能与神灵交流。现在也可以说同样的，酒是用来享受快乐的饮品。喝酒的时候，还请配上一道当季的菜肴，在一汁一菜的基础上，就成了一汁二菜。如果再配上水果的话，就成了一汁三菜了。

随着都市化的发展进程，现代人们能够接触到的自然也越来越少，但是在家中享受四季食材的方式却未曾改变。意识到四季的更迭，是日本人的感受性得到磨炼的结果，我想应该要好好珍惜。用二十四节气来说明日本细致的季节感更容易明白，因此这里就遵从现代人的季节感中的二十四节气，来介绍如何在一汁一菜这样的日常饮食中配搭下酒菜，另外也按照自己所想到的，记述一些即便不搭配米饭也能享用的配菜。

[**春天的乐趣**]

新春、初春正是正月时分，在二十四节气中，春天是从二月立春的第二天开始，直到五月立夏的前一天。的确，梅花开始绽放之时便能感受到新春的到来。

"春天是苦味的"。找到蜂斗菜的话，就这样切成碎末，与味噌、砂糖一起敲打混合在一起，做成蜂斗菜味噌。大阪八尾出产的嫩叶牛蒡，则将其绿色的茎清洗干净，翻炒煮熟。这正是向人们传播春意的稍带苦味的蔬菜（右图）。

还有一种说法，"春天是吃发芽菜的时节"，在冬雪开始融化时冰冷泉水处生长的芹菜，可以水煮后加酱油凉拌或加上白芝麻和豆腐凉拌。在积雪下面的葱，可以与芥末、醋、味噌混合搅拌做成浇汁。笔头草可以水煮后，与蛋液混合煮成鸡蛋汤。蛤蜊等则可以做酒蒸贝类。

三月中旬的时候，我们家的花椒也开始发芽了。关西地区习惯称之为树芽。树芽不仅可以用在竹笋的料理中，在烤肉的时候撒上一点，味道也很搭。树芽的香味让人切实地感受到春天的气息。还有鲣鱼花煮芦笋、刺龙芽天妇罗、酱油凉拌蕨菜，等等。还有用山菜为主要食材做寿喜烧锅。将当季新鲜的竹笋快速氽烫后，放在

冰水中保存在冰箱内，可以用在各种料理中。首先可以做关东煮，然后是煮嫩笋、酱烤竹笋，用橄榄油蛋黄酱蘸（右图），以及天妇罗等。土当归味噌——土当归可以放入些鲭鱼罐头做成味噌汤。这时候的蜂斗菜开始变软，想要煮着吃。

到了四月，气温开始上升，春意更浓，迎着阳光生长的豆类植物开始茂盛起来。将豌豆去壳后，直接放入米饭一起蒸熟。

春天也是贝类的季节。超市里一年四季都有销售贝类，但是二月、三月这个时期，正接近贝类的产卵期，是一年中味道最为浓厚的时期。

从四月开始，直到五月、六月，都是海滨垂钓的季节。鲻鱼、沙钻鱼、夏天的石鲈鱼等都可以做成很美味的煮鱼，也可以做面拖油炸鱼。

[**夏天的乐趣**]

夏天从五月份的立夏开始直到八月的立秋前日。五月感觉上还是春天的延续，不过白天强烈的日光照射，会让人感觉到初夏的到来。五月份的食材中，春天的豆类和竹笋等迎着阳光生长的植物依然占绝大多数。刀豆也常被称

为五月豆，五月份是吃刀豆最好的季节。用手触摸的话，便能感受到美味，请挑选相对柔嫩的刀豆。同时，带着初夏感觉的新洋葱、新土豆等也开始上市了。新洋葱切成丝食用就已经很美味了，可配上生的仔稚鱼和醋一起吃。

新鲜的莼菜则只有在这个季节才有。（右图）放入热水中煮熟后，沥去水分，做成醋拌凉菜吧。到了六月中旬，真正的夏季蔬菜开始上市。这个时节，总是会想要吃香鱼，但也会遇上情况不佳吃不上的年份，让人倍感遗憾。

烤茄子则是将茄子烤至外皮发黑、有些裂开的程度是最好的。这时的香味是完全不同的。放在冰箱中冷却后，加入生姜末和酱油搅拌，这是我最推荐的做法。这个时节上市的青椒、柿子椒也比较小个并且柔嫩。连蒂带籽将青椒整个放入油中热炒，再炖煮入味。原本的青草味非常诱人。

如果夏天的蔬菜够好的话，自己亲手制作的米糠腌菜也会很好吃。每天吃都不会觉得腻，在夏天的季节里，只要有这个就可以下饭了。已经腌出酸味的陈腌菜，可以切成小块，洗去盐分，加上生姜末便非常好吃。从大阪寄过来的腌茄子，大家都非常喜欢，是这个季节不可或缺之美味。（右图）

人们常说"夏天是醋的味道"，黄瓜切薄片，沾盐揉捏稍稍腌过后，加入裙带菜和小鱼干，做成醋之物（醋凉拌菜）。章鱼的醋味噌、小竹笑鱼南蛮（加大葱和辣椒的料理）、用日本的米醋做成西式泡菜风的醋泡菜，直到盂兰盆节为止都是夏天的感觉。

［秋天的乐趣］

秋天从八月的立秋开始直到十一月立冬的前一日。享受秋天则始于夏末新上市的秋刀鱼。特别是盐烤秋刀鱼，让人不由得想要接下来每天都吃这道菜。添上足够的萝卜泥，让人觉得非常充实。不过，如果一直这么吃有些腻了的话，也完全可以用醋和酱油将秋刀鱼煮到鱼骨酥软，做成浓煮秋刀鱼。在秋天，这些熟成的味道或者稍微重口一些的料理会更让人觉得美味吧。

进入九月的话，就是新栗子的时节。（右图）找到新栗子，连壳一起浸水炖煮，切成两半后用勺子挖着吃，是很好的小食。将煮透的栗子剥开取肉，再放入砂糖熬煮，便能做成栗子泥。栗子泥本身无法作为点心品尝，但可以加入些糯米圆子或者配搭米饭做成牡丹饼。红薯可以与少许栀子花一起煮烂，加入黄油和砂糖调味，做

成黄色的薯泥。（右图）早餐可以将薯泥涂抹在烤面包上一起食用。不过并不适合做成配酒菜。

加入足量的蘑菇和鸡肉做成的蘑菇味噌汤也很美味。舞菇可以跟牛肉的边角料一起用酱油炖煮，舞菇的鲜味绝不会输给肉味。不过让人遗憾的是，这个时候的松茸已经不太能吃了。如果能买到大棵的原木香菇的话，可以用黄油煎烤，搭配酸橘和酱油食用。芋头可以连皮水煮，可用的范围很广。压扁后洒上面粉，两面煎烤，就很美味。还可以将压扁的芋头煎炸，或者将碾碎的芋头放入味噌汤里。

如果发现鲑鱼子的话，自己亲手制作盐渍鲑鱼子其实出乎意料的简单，还可以体味到近乎奢侈的感觉。搭配新米煮的米饭最好吃。

当银杏果熟落地时，便是枫叶开始变红之际，气温也开始下降，秋意阵阵。将熟透的银杏一个一个用铁槌敲击使之开裂，将大个的杏仁熘炒后食用，不仅美味还能让人恢复精神。

[冬天的乐趣]

冬天从十一月的立冬开始直到二月的节分（二月三日）为止。冬天让人开心的便是"温暖"。将京都的豆腐做成汤豆腐，配上酱油食用，风味别具一格。另外，还可以将豆腐、魔芋、芋头插在竹签上酱烤，最近加入许多生姜末的酱烤味噌也非常受欢迎。这个时候的海参便宜得让人惊讶，可以切成大块，用醋和酱油腌制食用。

在我们家，夏天会做米糠腌菜，冬天则会变为腌白菜。腌白菜是来年春天不可缺少之物。腌制两到三周后，会有些许酸味出来，非常美味，每天吃都不会厌倦。特别是年末时期上市的大棵结实的白菜，用来腌制是最好的。（右图）

白萝卜虽然一年四季都能吃到，但是进入十二月的白萝卜是真正的美味。放入高汤和油豆腐，与白萝卜连皮一起直接炖煮，便是白萝卜煮。无论是温热的时候，还是放冷了吃，都很美味。

忙这忙那的时候，正月就来临了。十二月的时候大家都会打年糕，为正月做准备。用捣杵打出来的年糕终究是不一样的。吃年菜是正月最开心的事情。慎重地对食材进行斟酌，我们家的年菜全都出自于妻子之手。正月初七的早餐要吃七草粥，不过因为太好吃了，别的日

子也会做来吃。（右图）

正月过后，到了大寒时节，是菠菜和小松菜最好吃的时候。将小松菜和油豆腐一起煮至软烂。菠菜的根这时已经开始变红，冬日里时常会用酱油热炒一下，最后再添上一些鲣鱼花。

卷心菜本来也是冬天的蔬菜。因此，日本产的球芽甘蓝也是只有这个季节才会看到。卷心菜就这样整个放入油中炸的话，外层的叶子内侧会出现蒸炸的状态，加入少许盐即可。

冬天是鰤鱼等大型鱼的季节。蘸酱油和料酒烤、鰤鱼萝卜等都是让人享受的料理。

这里，我将配酒菜和米饭的配菜一并写下，不过即便是使用同样的食材做出同样的菜肴，用来配酒或者用来配饭是不同的，需要稍微加以调整。如果是用来配饭的话，口味可以浓厚一些；配酒的话，则需要清淡一些的调味。

在享受季节的美食时，多一些美言会更好吧。

"今年最早的樱桃哦""今年的鲣鱼很好吃呢""蜂斗菜的苦味可是良药哦""奶奶给我们寄来番茄和茄子了""当季菜果然好吃啊""今年还没吃竹笋呢""没吃可

真是遗憾哦""这是今年最后的腌白菜，再想要吃可要等到明年了"等，每年都这样说出自己的感受吧。

欣赏日本的食文化、美的乐趣

在烹制一些配菜的时候，要对餐桌整体进行平衡考量。从菜肴的色彩、口感、分量等各种要素进行立体的考量，完成一次餐饭的菜谱。菜肴这种东西，只吃一种的时候，和几种菜摆在一起吃的时候，哪怕是同样的东西，它们的味道也是有所区别的。几种菜摆在一起的时候，总归是有主次之分，故而，一旦主菜确定了，配菜就不要那么突出显眼了。这样的话，也能够感受到超乎想象的美味。有的时候会将菜谱所示的调味量减半，因为不用加那么重的味道也好。明白了这一点之后，估计就明白了和食调味的意义了。

正如前文所述的那样，和食之中，眼睛品尝、享受食感这样的重要因素就在于"食器"。食器和调味一样，只看到一个食器的时候，和看到多个食器相互配合地放在一起使用的时候，观看的方式是有所不同的。美始终

源自于平衡，这与穿夹克衫和西裤是一个道理。品位好的人就很帅气。这并非由西装的价格决定的。瓷器、陶器、瓦器、漆器等，分别适用于不同的菜肴。这是很难用一句话说明白的事情，还是等以后有机会再谈。不过，要是膳盘上放着"喝酒用的酒壶、酒杯、小钵、小碟"，那首先要享用美酒，然后突然连膳盘一起换成"一汁一菜"，这样会因为眼睛的错觉而产生非常舒服的感觉。这叫"换盘"，只要这样，平时的一汁一菜就变得引人注目，用来招待客人也会让人开心。

就这样，正因为一汁一菜单纯朴素，才能够从中获得美的享受，身心愉快。不向专家请教也无妨。现在是一个不管什么都要问专家的时代，好像不是专家就不能说话做事了似的。然而，只要是漂亮的东西，任何人都能做，也都可以做。魅力的事物无处不在，就存在于我们日常生活的周遭之中。真正的大美之物，乃是彰显天道之物，是独一无二的，不过，只要顺应天理就可以了。请相信那个觉得"非常漂亮、极好"的心灵吧。

一汁一菜是日本饮食文化的原点。

以亵（日常）之饮食的一汁一菜为基础，用当季的食材烹制菜肴，享用美酒，在那个时候，准备好尽心尽力做好的美味佳肴，最后，痛痛快快地喝上一杯茶，这就是茶会上的料理。

　　将喝酒与一汁一菜区分开的话，自己一个人也可以将当季的美味佳肴装盛在向付（茶会菜肴中使用的装下酒菜用的器皿）自己享用。这是一种调节情趣的器皿，平时的饮食中一般不怎么使用，因而，用它来装菜也能享受到浓浓的乐趣。尾形乾山和北大路鲁山人也都是这么用的。因为，从日常的饮食到艺术场合上的茶会（茶道），一汁一菜这种一心一意的思想是直接贯穿始终的。

　　请以日本菜中的一汁一菜作为饮食的风格，

　　来制作家中的日常菜肴吧。

　　汁饭香这样的菜肴，是做得到的。

　　整理得干干净净漂漂亮亮，

　　俭朴单纯地生活，

　　就会让自己的身心变得敏感而且稳重。

　　于闲暇之日，

　　烹制当季的菜肴，

　　就能体会烹调的幸福，

　　看到品尝者的笑容。

偶尔也要在家中宴请朋友。

准备好美味可口的饭菜，

选择好器皿，好好地摆盘，

营造一个互相袒露心扉的愉快气氛。

我认为这就是在保护日本的饮食文化，

并将它流传给子孙后代。

［膳盘中的一汁一菜　日常之乐］

食材丰富的味噌汤与米
饭搭配的一汁一菜

米饭、味噌汤以及酱菜、
素菜两种

米饭、味噌汤和酱菜，
鱼和凉拌菜

米饭、味噌汤和酱菜

米饭、味噌汤和烤鱼，
配两种素菜拼盘

面疙瘩汤、炖蔬菜

代结语
活得漂亮的日本人

有朋友采了山里的野菜和菌菇送给我。他觉得在山里面的日子更好，所以放弃了白领的生活，一边从事山中的事务，一边种植大米、栗子和蔬菜，过上了这样的生活。他就是堀米良男。他比我年长十余岁，但却是身体灵活、仪态端庄、充满朝气的帅气之人。

初夏梅雨时节，他的妻子也和我们一起去山中徒步旅行。由于海拔高的缘故，树木尚还笼罩着淡淡的绿意，雾雨之中，湿润的空气让人心情舒畅感觉良好。喊喊喳喳的鸟鸣声、摇动枝叶的风声之中，混杂着左手下方隐约传来的流水的声音，不知道为什么这声音让他非常在意。他说，因为感觉河水流动的声音比自己想象的要更为大声，所以这水流是从某个地方以某种方式聚集起来流到这里的，说得简直就像是在地底下看着这水流似的。从那边的山上，到这边的湿地，这里的竹叶比较大，那边有一棵大树……

他究竟在说些什么，我完全不明白。这样一来，他的妻子就说道："差不多可以了，不要再说了。"她告诉我，这个人只要一说起这些事情来，就没完没了。

虽然是为了让我留意才这么说的，但他就是一个在山里面听着河流的声音，想象着那水流是流淌着经过树木的根或岩石下面的某个地方的人，不知道其他的事情了，因此我非常开心非常高兴。我为这样的堀米君而感动。

对此不能简单地断言是原始人或者说是人类的野性。所谓野性是毫不掩盖本能的暴躁性格。而堀米君的这种表现则可以说是温和的，并且是人类所具备的基本理性。现代人对于理性的理解依然停留在对某种文化的尊重并对感情进行控制，将理性等同于处于稳定状态的心理力量。然而，堀米君的理性则是对应于更大范畴的自然所持有的人类的理性，那是从水这种与生命的存续紧密相关的东西中感受到的自然知性。

林道两侧生长着高高的竹林，在其中行走时，我发现那些竹叶的样子都非常近似而难以区分，而堀米君会突然在一片竹林前止步，然后走入那丛丛竹叶中。过了两三分钟，便抱着一堆竹笋走出竹叶丛。竹林从地面开始便以五六十度的倾斜度向上，并且左右展开，形成错综复杂的丛林。进入这样的丛林后，人们很难灵活地挪动身体。在丛林中，人们只能钻过树叶或者踩踏着移动。而且竹林丛很密，几米开外便只闻其声而不见其人。

在那样的丛林中，他能够像橡皮糖一般快速移动。当我们对他的敏捷表示惊讶时，他却说道："熊的动作更快哦。只要小小的鼻尖探入后，便一下子用力压下树丛进入。"唰唰地爬上树确认地形，一眼望去便能在这过程中记住好几棵树的特征并将其作为路标，一般不会忘记，与拥有这一本领的堀米君一起自然是很安心的，我想我一个人的话是绝不会走进那片丛林的。过了不久，三个人一起（不，基本上是堀米君一个人）挖出了一堆竹笋，两只手都快抱不住了。

回到堀米君家中，便立刻开始清洗采集回来的竹笋。就算有很多，采集回来的东西也一定要在当天处理完毕。对堀米君而言，摘山菜就像是享受远足的乐趣，并不会想要采摘很多种山菜，如刺龙芽、蜂斗菜、蕨菜，等等，而是确定某种山菜最恰当的时期，如果是紫萁的话便会只采摘紫萁。看着堀米君这么做，我不由得想，说不定采摘这项作业原本就该是这样的。

摊开草编垫席坐下后，开始剥竹笋皮。有一种成环状，内圈有着金属制钩状物体的工具，正好可以让一根较细的竹笋穿过，并留下整齐的划痕。首先将所有竹笋都用这个工具留下划痕，接着便可以顺着划痕剥皮。从笋尖开始将划痕撕开，手握着笋的根部沿着笋尖旋转着将皮剥除。如果剥得好的话，最后竹笋会像一根刚刚削好的铅笔一般。刚挖出来、剥完皮的竹笋居然是这样一种鲜嫩的绿色，在这之前我从来都不知道。

如果不把竹笋的皮都剥完的话，就没法做饭，于是大家拼命地努力剥笋。原本只是想在山中散散步，未承想却进到了竹林中。又因为发现了今年最后的竹笋，我才完成了挖笋的人生初体验。不过后来大家聊天的时候，我才知道自己其实不是在挖笋，而是把竹笋折断在地里了。

学习了剥笋的方法后，多少开始明白了一些要领，便开始想如何比别人更快地剥出新鲜的竹笋，这是我作为料理人的习惯，总是想着最为合理的方式，一边动手。尽管无需跟任何人竞争比赛，但是我在这种场合，总是想着要拿一等奖一般集中注意力干活。就这样，尽管感觉自己已经明白了最好的做法，但每一个竹笋的大小和软硬程度都不相同，按照习惯的手势稍不注意便会将其折断，每次折断都会非常懊悔。

于是，我便停下手中的活望向堀米君，惊讶于他双手之美。在我的定义中，所谓美丽的双手是乡下的奶奶们聚集在一起，在河岸边水塘里清洗刚从田里挖出的绿叶菜，那些洗菜的双手。不经意间看到时便会想"真是美丽的手"。

那双"美丽的手"就这样舞动着，将一棵棵竹笋像金字塔一般堆积起来。让我觉得非常厉害的是，这其中每棵竹笋都是完好无损、没有折断的。堀米君一定完全没有考虑怎样比别人快、跟人家比赛、让自己显得有型、怎样才能合理有效地剥笋、怎样才能更细致地剥笋等这些问题。也就是说，他完全摈除了在我脑海中的这些杂念。这样的我就算技巧越来越熟练，也会将竹笋折断。

一直以来，我总是想着美丽的双手以及拥有美丽双手的人，这时我才终于明白其实美丽的双手所代表的正是这样一种心无杂念的状态。我对那样的双手有着绝对的信赖，始终相信。然后便会想着自己的双手能成为那样美丽的双手就好了，不过恐怕是不可能了吧。年轻人应该还有很多机会吧。我相信只要有心，就能拥有自己想要的双手。这与"有用·无用""擅长·拙劣"等问题完全无关，所以不需太过担忧。

*

《一汁一菜就好》，我想通过这本书，传达什么呢？当我想要说明一汁一菜就好、只要这样简单的菜肴就好，并论述相应的理由时，才发现有必要对日本人所拥有的智慧及其由来做一番说明。

结果，这样的说明其实与老天爷与人类的关系，甚至是人类或者说仅仅是日本人自古以来一直维持到现在的纯粹本身，可以说是与这样的思考紧密相连的。过去，杰出人士已经在各个方面做出相应的说明，本居宣长所阐述的大和心也与之相关，我没有想到的是居然多少触及到了这些宏大的命题。当然，或许有人会对此感到疑惑，也请大家多多批评，非常感谢大家的不吝赐教。

"美丽双手"的后续。

制作味噌的师父云田实先生于二〇一四年辞世。在我心目中，他是一位名副其实的大师。我曾经与他一起在山野中采摘春天的山菜、秋天的蘑菇。为了带回东京，将各种各样的野生菌菇清理干净，在菌菇的缝隙间插入防止干燥的树叶，放入预先准备好的纸盒内。每次都因为这礼物本身的美而目不转睛。当我与他同行一起采摘蜂斗菜时，就只有他的手里能握上一束特别的上等蜂斗菜。为了制作筷子而被砍掉树枝的钓樟周围会长出一些枝蔓，他就是用这些枝蔓将蜂斗菜捆成一束，这本身就很漂亮。口渴的时候，他便会在好几个有山水涌出的地方，做出"最右边那个"的指示，用旁边蜂斗菜的叶子一卷，做成杯子的形状接水，一饮而尽。

他制作的味噌，时不时地会被评为日本第一。随着他名气越来越响，大型食品制造商的研究者甚至会隐藏身份，去他那里学习这些无法用数据表示的口味变化。让我真正觉得他与众不同的是他那间近乎完美的庭院。生长着海拔不同的植物、亲水的植物与厌水的植物，这些生长环境完全不同的植物却能够在同一个棚内开花结果。这是他从年轻的时候开始，花了超过五十年的时间打造完成的，是一个以山野草为中心的盆栽园。让人吃惊的是，在早稻田大学的饮食文化研究会的讲座中，他还曾说道"我不记得自己有过让植物枯萎的经历"。"好酒、上佳的味噌并不是人类制作出来的，也不是我做出来的，要时刻警惕自己产生这样的傲慢心"，这已经成为了他的口头禅，他就是这样一个直率坦诚的人，也正因如此大家对他说的话深信不疑。

平面设计师田中一光先生生前会为工作室的同僚做饭吃。他喜欢烹饪也喜欢美食，甚至自己亲手制作菜肴举办了二十多次的茶会。他创作了那么多杰出的设计作品，却认真地对他侄女千绘表示大概自己其实更适合做一名料理人吧，这是他侄女告诉我的。

最近，看了田中先生采访的 DVD，他在采访中说道，"我很喜欢园艺。在美国有绿色拇指的说法，指那些能把花草种得很好的人。我只要花点工夫稍微呵护一下那些植物，它们就会变得很有精神。即便是快要枯萎的树，将树芽摘下后，重新种植，就会发出新芽开始生长。有些人似乎怎么都种不好，也许根本的区别在于养花草的目的不同吧。为什么想要种植花草呢？在看着它们的时候才会本能地有所领会。"他的话跟云田先生的话如出一辙。

有一个人我必须在这里提到，她是个对我很重要的人。那就是在奈良生驹的"生驹陶器"店的箱崎典子女士。

我只要有时间便会到店里坐坐。与她碰面、吃饭，边喝茶边聊天，谈着架子上大量排列整齐的陶器。现在想想还是会觉得不可思议。这个店甚至让我最终把工作据点转移到了生驹，随后即便我移居到东京，还是会时常往返于生驹和东京，至今已经持续了三十年之久。只要一去，便会待到关店，有时候是半天，有时甚至待上整整一天。

店里面的陶器是她每周店休的时候，当日往返于北海道和冲绳买回来的。从一百日元的东西到几百万日元的东西就这样紧紧挨着，摆放在狭小的架子上。店里总是人来人往。从小孩子、一家人、老字号店铺的厨师到识货的稀客，甚至是同行，对他们而言想要的东西，在"生驹陶器"都会有。

箱崎女士每天到了吃饭的点便会去到二楼的厨房，快速利落地做好饭菜。每次吃到她做的饭，总是让我感叹怎么这么好吃，甘拜下风。

有一天发生了这样一件事。饭菜已经摆在了我的面前，我注意到偏巧没有筷子。于是，嘴里说着"筷子、筷子"，在店里到处找，终于在抽屉的深处发现了专门盛放寿司的盒子旁有一双一次性筷子，也不知道是什么时候就放在那儿的了。箱崎女士说着"这可不行"，便把筷子拿去插入铁壶的水蒸气中，过了一会儿说"嗯，这样就好了"，便把筷子搁在膳盘中。这样一来，这双粗劣的筷子就好像被施了魔法，变得如同那些最高级的优质筷子一般。这就是我想说的。

如果没有这家店的话，大概也没有如今的我吧。店铺外面和内部，都摆放着山野草的盆栽。每天早晚箱崎女士会用洒水壶浇水。在睡莲盆栽中，鳉鱼每年都会在里面产卵，让睡莲长得更好。夏日上午的时候，睡莲的花就好像是要站立起来一般绽放开来。盆中的水一直都很清澈，盆壁上附着的绿藻会被淡水小螺吃掉，而鳉鱼则会吃幼螺，在这个小小的世界里形成了一个生态系统。客人采摘的花或是买来的花，插在这里总觉得生气勃勃，比别的地方看到的花绽放得更靓丽。

箱崎女士去到陶器的产地时，大家就会很关注她买了些什么，甚至会有人跟着她前往。她看到的东西、触碰的东西全都会畅销。她会预订年轻陶艺家的作品，并向大家展示这些作品好在哪里，因此培养了大批陶艺家。

对于这些陶艺家而言，与其在百货商店办展，更希望能够在"生驹陶器"店里办展，他们对于箱崎女士的眼光非常在意。

常去"生驹陶器"的店里，真的让我受益匪浅。这真是一家被大家喜爱的店，然而在二〇〇九年的时候却非常干脆地歇业了，这种关店时的态度也让我非常敬佩。

在我看来，大自然与人类之间，因其相互维系的方式而可以做到"漂亮地生存"。我们根据自己的经验，在作出判断前会迷茫、烦恼，有时候会一帆风顺，但有时也会出现失误。然而，只要拼命努力地生活，在某个时刻遇到的人便会为我们指明老天爷所在的地方。尽管我并没有上述几位所拥有的特别的能力，但我通过做料理这件事依然能够体会到一些事。变得好吃的原因、没做成美食的原因、觉得有疑问的地方、对于不可思议之事等，像这样不断思考的话，某一天会突然明白。

我想之所以能够做出好吃的菜肴，关键并非技术，也并非因为烹饪年数够长。普通人做的饭菜中，也有特别好吃的东西。相比价格昂贵的菜品，平淡无奇的饭菜中也有好吃的东西。有些美丽的东西是无法用金钱衡量的。

在日本，大自然与人类之间不存在隔绝的高墙。因此，很久以前与绳文人的心相同的东西一直留存了下来。从古至今在这个孤岛，自然与人类一直保持平衡。因此，古老的东西、近世的东西、新生的东西全都能够在这里生发。

所谓烹饪，便是生存本身。我相信从远古到现在，烹饪都是直接与大自然产生接触的。

*

为本书设计封面的是佐藤卓先生。卓君很喜欢日本的绳文时代，他向绳文研究第一人的小林达雄先生请教，独立完成了企划案并向国立科学博物馆提交，最终成功举办了"绳文人展"。随后他还制作了书籍 *JOMONESE*（《绳文人》）。卓君是个始终在思考本质的人。通过卓君的引荐，我得以与一直想见的小林达雄先生围坐在一起用餐，大家一起热烈地聊着绳文的话题。

本书中的系列照片是我一直以来羞于示人、真实的个人照片。在这些照片中，没有任何修饰或者刻意摆放。烹饪的时候也没有尝味道，就这样简单做出来的。味噌是天然物，因此无论怎么做，都会变得美味。尽管不一定是惊为天人的美味，但却是非常适宜的美味。我想大概因为这种自古以来的做法原本就不是以美味／难吃来加以区分的。

我用铅笔写下的书名，恰巧被卓君看到，便依此设计出了封面。像这样似乎什么都没有设计一般，我却看到了设计这一概念诞生之前的样子。这样说来，田中一光先生也曾说过，"不进行设计也是一种设计"，深以为然。不过话说回来，为了让这难看的手写字做成封面，纸张挑选了白米饭的颜色，文字则是菜的颜色，书腰调整为味噌的颜色，这是对各个部分进行协调平衡、经过精密计算的结果，是个"深奥的东西"啊。顺便提一下，书腰的味噌色来自于卓君早上喝味噌汤时拍下的照片。这是超乎我想象的优秀的设计，我非常感动。在此再次向卓君表示感谢。

另外，感谢每天都让我品尝到亲手制作的爱心料理的妻子和 Graphic 社的大庭久实老师和他的团队。

最后。

拼命努力地生活中会有各种各样的日子。加油做完、

一汁一菜でよい
という提案

土井善晴

食事はすべてのはじまり。

大切なことは、一日一日、自分自身の心の置き場、

心地よい場所に帰ってくる暮らしのリズムをつくること。

その柱となるのが、一汁一菜という食事のスタイルです。

日版封面©佐藤卓

对身体有益的白粥

完全放松下来，紧张感消除后很容易感冒。身体发出不舒服的信号时，那一天的一汁一菜便可替换为白粥加味噌或梅干。比起身体健康的时候，要花更多的时间炖煮，用较多的烹饪时间做出来的料理，对身体会更温和。

用半杯大米（可以煮成两碗粥），洗净（也可以使用免洗米）后放入锅内，加入六至七倍的水，放置足够长的时间。开大火煮至沸腾时搅拌一下，将锅盖掀开一点调制小火再煮。火头大小控制在文火熬不煮沸的状态。从盖子的缝隙中观察，调整火的大小。煮给健康的人只要二三十分钟即可，给小孩子、老人，或者身体不舒服的人吃，则需要更长的时间慢慢煮。四五十分钟，甚至一个小时以上都可以。想要煮久一点的话，则一开始要放入更多水，开小火长时间熬煮。给婴儿吃的话，可以等水分蒸发后，将粥挖成团子状，喂给他们吃。

希望这本书对您和您的孩子们都有所帮助。

致打造了所有经验的根基的父母。

二〇一六年九月　土井善晴

土井善晴

料理研究家。一九五七年生于大阪。在瑞士、法国学习法式料理，回国后在大阪"味吉兆"修习日本料理。在土井胜料理学校担任讲师后，于一九九二年创立"美食研究所"。对于不断变化的食文化及相关文化进行考察，提出家庭料理的本质为创造生命的工作，并以可持续的日本风格饮食为媒介进行推广。

前早稻田大学客座讲讲师、学习院女子大学讲师。《配菜的烹饪》（朝日电视台节目）固定讲师、《今日料理》（E电视台）讲师。著书颇丰。最近著书有《美食的周围》（小社刊）。

照片摄影：锅岛德恭